光伏电池中对电极的制备与应用

狄 毅 著

中国原子能出版社

图书在版编目（CIP）数据

光伏电池中对电极的制备与应用 / 狄毅著.
北京：中国原子能出版社, 2024. 12. -- ISBN 978-7
-5221-3877-0

Ⅰ. TM914

中国国家版本馆 CIP 数据核字第 2024S7B046 号

光伏电池中对电极的制备与应用

出版发行	中国原子能出版社（北京市海淀区阜成路 43 号　100048）
责任编辑	陈　喆
责任印制	赵　明
印　　刷	北京天恒嘉业印刷有限公司
经　　销	全国新华书店
开　　本	787 mm×1092 mm　1/16
印　　张	11.75
字　　数	167 千字
版　　次	2024 年 12 月第 1 版　2024 年 12 月第 1 次印刷
书　　号	ISBN 978-7-5221-3877-0　　　定　价　69.00 元

网址：http://www.aep.com.cn　　　　E-mail: atomep123@126.com
发行电话：010-88828678　　　　　　版权所有　侵权必究

作者简介

　　狄毅，男，汉族，1988 年 8 月出生，理学博士，山西省忻州市人。博士毕业于中国科学院武汉精密测量研究院，博士后出站于西北工业大学柔性电子研究院。现为中北大学能源与动力工程学院教师，主要从事新型功能材料的创制及其在光伏电池、电催化领域的应用研究工作。主持省部级及企业横向科研课题多项，以第一作者和通讯作者发表 SCI 收录论文 10 多篇，授权发明专利 3 件。

前　　言

　　由于大量化石燃料的使用所带来的环境污染越来越严重，发展绿色可持续能源受到广泛关注。作为近乎无污染的可再生资源，太阳能具有非常广阔的使用前景。光伏器件能将太阳能有效地转化成电能，在多种类型的太阳能电池中，染料敏化太阳能电池在成本、光电转化效率、制备工艺等方面都具有独特的优势，因此成为学界与产业界研究的热点。染料敏化太阳能电池中的对电极在很大程度上影响了电池整体的光电转化效率。针对传统贵金属铂电极价格贵、储量少的不足，开发廉价高效的新型对电极材料，可以进一步提高染料敏化太阳能电池的光电转化效率，以及压缩制备成本。本书设计制备了多种新型高效电极，具体介绍如下。

　　（1）廉价生物质材料甲壳素中含氮量较高。通过使用甲壳素作为粗材料获得的含氮碳材料，其中存在较为丰富的催化位点。当碳化甲壳素直接用作染敏对电极电催化剂时，取得了 4.19%的光电转化效率。为进一步提高材料的催化能力，使用高温原位硫掺杂的方法，获得了氮/硫双掺杂的功能碳材料，其光电转化效率上升到4.81%。在复合石墨烯后，经优化的石墨烯/功能碳材料复合物电极的能量转化效率提高到了 6.36%，相当于在同等条件下铂电极6.30%的能量转化效率，并且该电极在实际应用中，表现出令人满意的电化学稳定性。

　　（2）从天然材料中提取的碳材料由于具有许多明显的优势而被广泛应用于新能源领域。腐殖酸作为天然材料储备丰富，具有羧基、酚类、羟基等多种有用的官能团，对金属离子的吸附具有显著影响。在惰性气体中，通过热

1

解腐殖酸-镍复合物化合物，制备了一种含有镍种类的新型碳基质。系统的电化学测量表明，与单一的碳化腐殖酸相比，含镍的碳具有较高的三碘化物还原性能。电催化能力的提高可能归因于碳基质中提供了更多的电活性位点。当制备的镍掺入材料在碘化物介导的 DSSC 中作为电催化剂时，相应的装置产生的功率转换效率（PCE）为 7.01%，比单一碳化腐殖酸（6.14%）增加了 14%，接近作为参考 Pt 电极的（7.1%）。

（3）高分子聚 3，4-乙烯二氧噻吩（PEDOT）在导电性与催化性两方面均具有突出的优势，当其作为染敏电池对电极使用时取得了较为出色的催化效果。然而绝大多数单独的 PEDOT 电极虽然取得不错的光电转化效率，但与铂电极的电催化性能相比，仍有一定的距离。为此，将应用于光催化领域的过渡金属纳米磷酸盐[$Ni_3(PO_4)_2$、$Co_3(PO_4)_2$、Ag_3PO_4]与 PEDOT 复合，制备出了一系列复合物电极。经筛选，优化后的 PEDOT/$Ni_3(PO_4)_2$ 杂化膜电极取得了 6.41%的能量转化效率，轻微超过了在相同测试状况下铂溅射电极 6.30%的光电转化效率。

（4）过渡金属磷化物由于具有金属和半导体的双重性质，在电催化领域呈现出巨大的利用潜力。通过将 PEDOT 聚合物与过渡金属磷化物纳米颗粒（NiP_2 或 CoP_2）混合制备了一系列电催化膜。所有制备的薄膜作为反电极被组装成完整的电池，并仔细研究了它们的电催化性能。与纯 PEDOT 电极或纯磷化物电极相比，所制备的复合电极表现出优越的电催化性能。连续的PEDOT 聚合物可以显著减轻磷化物纳米颗粒的聚集，从而为氧化还原偶联产生更多的活性区域。采用最佳 PEDOT-NiP-23 电极和 PEDOT-CoP-23 电极的 DSSCs 的 PCE 分别为 7.14%和 6.85%。最优 PEDOT-NiP-32 的 PCE 值与相同测试条件下 Pt 电极的 PCE 值（7.09%）相当。此外，电化学测量结果表明，该复合电极具有良好的抗溶出能力。

（5）三元过渡金属硫化合物或者氧化物对染敏电池的碘系电解液具有良好的电催化能力。至于各类过渡金属磷化物的使用，主要集中在电解水制氢等方面，但关于三元过渡金属磷化物作为染敏对电极的报道则几乎没有。故此，采用温和的共沉淀法与磷化法，制备出三元的 NiCoP 纳米材料，基于该材料的染敏电池，取得了 4.71% 的能量转化效率，为进一步提高材料的导电性能，制备过程中引入了碳纳米管，经优化后的复合电极，光电转化效率达到了 7.24%，几乎等同于在同等测试条件下铂基电极 7.12% 的能量转化效率。

（6）纳米氮化钛兼具电催化与等离激元吸收特性。为提高材料的电催化性能，采用浸渍法在 TiN 纳米晶体表面负载 Ni 物种。这种材料具有丰富的表面催化位点和等离激元特性。进一步将双功能 TiN@Ni 纳米晶体与单层 MXene 结合，构建连续导电基体。制备的 TiN@Ni-MXene 膜作为对电极，在常规辐照条件下，相应 DSSC 的 *PCE* 为 8.08%，超过了铂基 DSSC 的 7.59%。在对电极一侧增加 NIR 照射时，DSSC 的 *PCE* 达到了 8.45%。TiN@Ni-MXene 电极的优异性能应归因于在 TiN 载体表面产生的活性位点，以及 TiN@Ni 纳米粒子利用 NIR 光产生的等离子体效应。Ni 为三碘离子提供了更多的吸附位点，同时等离子体诱导的光热效应引起的温度升高可以有效地提高电极和电解质界面的三碘还原反应速率。从而显著提高了 TiN@Ni-MXene 对电极的电催化性能。

（7）锂电池正极材料磷酸铁锂已经在实际应用与商业化方面取得长足进展。但是关于磷酸铁锂在染料敏化太阳能电池中的应用，能查到的文献非常少。为此，将商业化的磷酸铁锂材料直接用作染敏电池对电极时，可以充当染料敏化太阳能电池与锂离子电池连接的桥梁，将四个传统的染料敏化太阳能电池与一个包含染料敏化 TiO_2 光阳极、$LiFePO_4$ 电极和金属锂电极的三电极混合锂离子电池相结合，构建了一种可用的光充电集成装置。当器件在太阳光照下工作时，DSSCs 可以为混合锂离子电池提供匹配的充电电压。三电极装置中的 $LiFePO_4$ 电极具有作为染料再生的可逆氧化还原剂和锂离子电池的正极材料两种作用。该集成装置可以通过光充电过程有效地收集太阳能并将其就地存储在混合锂离子电池内。概念性地实现了由染料敏化太阳能电池为锂电池充电，并且该杂化充电电池具有一定的可重复性。

本书选题新颖独到，结构科学合理，内容丰富翔实，对于新型功能材料领域的研究工作具有一定的参考价值，可作为相关专业科研学者和工作人员的参考用书。

笔者在本书的写作过程中，参考引用了许多国内外学者的相关研究成果，也得到了许多专家和同行的帮助和支持，在此表示诚挚的感谢。由于笔者的专业领域、实验环境和研究水平有限，本书难以做到全面系统，谬误之处在所难免，敬请同行和读者提出宝贵意见。

目　录

1

第1章 绪 论

　　煤炭、石油、天然气等常规化石资源，在经过人类几个世纪高强度的开采应用后，目前已经呈现枯竭的趋势，并且在使用过程中，带来了诸多环境问题[1,2]。最近几十年全社会所逐渐接受和认同的温室效应，正是由大量化石能源燃烧后排放的二氧化碳所导致[3]。我国由于工业的急剧扩张与城市化的快速推进，环境问题更是真实地困扰着所有社会阶层的日常生活，如冬天遍布全国的雾霾，尤其以煤炭、天然气为取暖热源的北方为重。这些环境问题又进一步引发出多种公众健康问题，如呼吸道感染、支气管炎、肺炎等，给人们的生命安全带来了隐患。寻求清洁能源，使用科学技术解决或缓解环境问题，一直是众多科研工作者的不懈追求。在大量科技工作者的不懈努力下，一些具有实际应用效果的新能源，如核能、风能、太阳能、地热能等，已经逐步走进人们的生活，并且在整个能源消费板块，占据的比重日益加大[4]。相比于核能的高危险高投入，风能地热能所需的独特地理优势，太阳能无疑是廉价且具有普适性的[5-7]。

　　太阳能通常经过三种方式的转化从而为生产生活服务[8]。首先，太阳能可以简单而直接地转化为热能，比如在日常生活中常见的真空管式太阳能热水器，太阳能被收集在真空管中产生足够的热量，然后促使热水上移冷水下移，在水的微循环过程中得到了生活所需要的热水，相比于其他传统耗能热水器，如电热水器与天然气热水器，太阳能热水器在便捷生活的同时也可以节省能源；其次太阳能在光伏器件的作用下可以输出电能，目前市场上技术最为成熟的产品是晶硅太阳能电池，已经为卫星、汽车、路灯等提供可持续的能源，并且在一些地方，建立起了大面积的太阳能发电基地，产生的电能并入了电网[9,10]；最后，利用太阳光降解有机污染物，或者利用太阳能催化分解水制备氢气等，也是太阳能利用的重要方面，相关的研究成果不断，并且已经展示出实际应用的良好前景[11,12]。

只有极其大量的能源才能为更加发达更加先进的制造业以及高品质生活提供动力。鉴于我国多煤少油有气的资源现状，更需要发展以太阳能电池为代表的清洁能源。深入探索揭示太阳能电池的工作机制，可以为设计具有更高能量转化效率的新式光伏电池提供基础，并且有利于开发更加廉价更加有效地对电极催化材料，这些工作均对推动太阳能电池的实际应用具有重要意义。

1.1　太阳能电池

太阳能电池是指在光伏器件的作用下实现光能-电能转化的装置。只要太阳光持续不间断地照射电池光阳极，电池就可源源不断地输出电压及电流。太阳能电池具有若干优势之处[13-15]。第一，太阳能是不会枯竭的可再生资源，并且在发电过程中，不需要像传统高耗能的火力、水力发电，需要大量的水资源，这样便可以很大程度上减少地理条件对设备建设的限制；第二，太阳能电池发电装置组成简单，便于控制规模大小，既可以建立大规模的太阳能发电厂，也可以将太阳能电池根据建筑物或移动载具的外观设计成多种形状，从而进行安装，并且在安装后，相应的维护较为简单；第三，正午时分的太阳光光照最为充足，这样太阳能电池便可以获得更多的入射光能，进而创造出高的能量转化效率，而相应的，此时也正是居民用电的高峰，太阳能电池的输出功率很好地与用电高峰相匹配，从而能够有效地减轻电网的供电压力，优化电力系统的运行，进而降低化石资源的使用，有利于减少温室气体的排放。

目前，太阳能电池产业在全球快速发展，市场以并网发电为主体，未来将以光伏与建筑一体化为发展趋势，一些国家的科研机构预测，在 2030 年左右，世界电力总供应中将会有 10%以上的能源供给来自太阳能发电；到 21 世纪末，太阳能光伏发电所占比例将持续增高，可能会突破 60%以上[16]。具体到我国，政府更是出台了针对光伏产业发展的详尽规划，相关文件中提出：中国太阳能发电装机容量在经过一段时间的稳步发展后将会达到 35 GW 以上。在国家的大力支持下，在社会资本的推动中，光伏产业在可预见的未来将会有非常光明的前景。图 1-1 为全球太阳能光伏发电的装机容量。

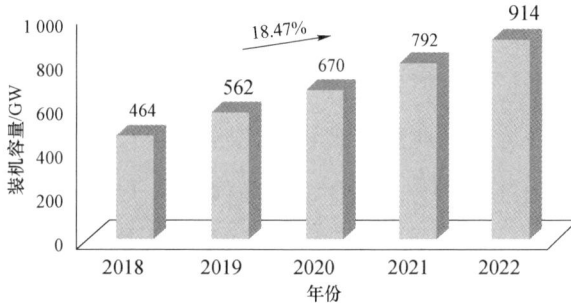

图 1-1　全球光伏发电装机容量增长图

1.1.1　太阳能电池的原理

各类太阳能电池均可以说是由光生伏打效应衍生设计出来的[17]。入射光子的能量超过被照射的半导体材料的带隙时，那么半导体基态的电子就会由于吸收光能而进一步跃迁到激发态，从而产生所谓的激子，也就是电子-空穴对。对于存在 PN 结的太阳能电池，激子的电子与空穴会在内在电场的作用下发生有效分离，然后建立光生电势差也即光电压。当半导体 PN 结与外界的负载组成完成的回路时，只要光照存在光电流便会连续产生。目前而言，所有类型的太阳能电池，都是基于 PN 结光电转换的原理[18,19]。下面，简单介绍太阳能电池中涉及的部分半导体物理的基础。

1.1.1.1 能带结构与光能吸收

半导体材料的电子与空穴的运动状态与半导体材料本身的物理性质密切相关，关于其运动状态的描述通常用能带理论来解释。对于单晶半导体，其原子在三维方向上周期性地重复排列，相邻原子间的间距的数量级为埃（Å），由于相邻原子极小的间距，故而不可避免地引发电子间的相互作用，这样导致每个存在于半导体材料整体中的原子的状态与单独的孤立原子不同。孤立原子由内到外的电子轨道的排序为 1s2s2p3s3d，不同的能级被标注为不同的轨道。然而由于晶体中相邻原子间极小的间距，使得原子外层波函数可以发生不同程度的重叠，从而导致电子的共有化运动。与此同时，原子的能级也扩展为能带。共有化的电子是在晶体的能带中运动，而不是在某个能级中运动。此能带被称为允带。电子运动在相邻允带中不会发生，因而被称为禁带[20,21]。图 1-2 为晶体中原子能级分裂成能带的情况示意图。

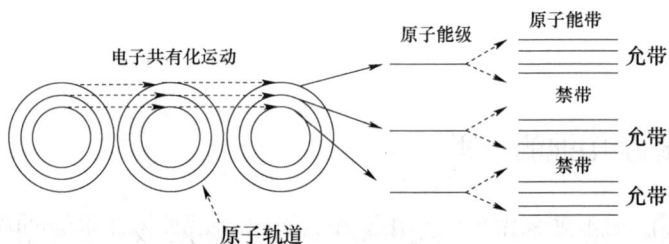

图 1-2　晶体中原子能级的分裂

电子按照能量最低的排列原则，从低能量带逐渐延伸到高能量带。处于最外层的电子具有最高的电子能量，该处的电子状态深刻影响了半导体材料的性质。最高填充能量带由价电子组成，也可以称其为价带，价带顶能量由 E_v 代表；比价带能量更高的能量带是导带，导带底能量由 E_c 表示。导带与价带之间不存在电子的运动，该区域被称为禁带，导带底能量 E_c 与价带顶能量 E_v 之间的能量差可以被认为是半导体的禁带宽度 E_g。图 1-3 为半导体材料的能带结构示意图。

$$E_c \quad \overline{\underline{\hspace{2cm}}} \quad \text{导带}$$

$$E_g \quad \textbf{禁带}$$

$$E_v \quad \overline{\underline{\hspace{2cm}}} \quad \text{价带}$$

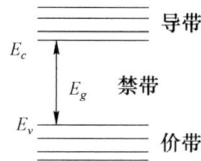

图 1-3 半导体晶体材料的能带结构示意图

材料的能带结构与导带电子的性质决定了材料的电子导电情况。当价带与导带重合时，两者之间不存在禁带，得益于价带中存在的大量自由电子，材料整体的导电能力很强，故被称为导体。而另一种情况是，材料导带中不存在电子，而禁带又很宽（通常大于 5.0 eV 以上），这样电子便不能从价带跃迁到导带，故而材料不能进行导电，又被称为绝缘体。半导体材料的情况则较为特殊，其居于导体与绝缘体之间，它的禁带宽度相对小，在各种外界场的刺激下，电子可较容易地从价带跳跃到导带，从而使得半导体材料获得一定的导电性。半导体材料的禁带宽度能够有效地影响材料性质，探究或调整半导体材料的禁带宽度可以指导太阳能电池光电材料的选择。

对处于理想状态下的半导体晶体中的电子，其自由运动应该是严格地在周期性势场中进行，然而实际情况中的半导体材料，往往由于多种不可控因素的存在导致实际晶体不同于理想中的半导体晶体。实际的半导体晶格中总是伴随着各种缺陷态的存在，另外晶体本身由于各种杂质的存在也不是绝对纯净的。周期性势场遭到破坏的位置被称为缺陷，缺陷一般可以被分为两类，一类是在材料制备过程中无意引入的，如空位、间隙原子、位错、层错以及表面缺陷等被称为本征缺陷；另一类是由于材料的纯度不够引起，晶体原子被其他杂原子取代，被称为杂质缺陷。本征缺陷或杂质缺陷都会破坏晶格中原子的有序排列，导致禁带中产生新的电子态，被称为缺陷态或杂质态。不论是本征掺杂或杂质掺杂，在极微量的情况下都会对半导体材料的性质产生重要影响。

处在热平衡状态下的本征半导体,其中的电子浓度和空穴浓度是相等的。目前的半导体材料按照掺杂杂质的种类,可以分为 N 型和 P 型两大类。N 型半导体是在本征半导体中掺入可提供电子的施主杂质而形成的,这类半导体的特点是晶体中的电子浓度要高于空穴浓度。而 P 型半导体是在本征材料中掺入可提供空穴的受主杂质形成。N 型材料的费米能级 E_F 位于其能带结构中导带底的附近,而 P 型材料的费米能级 E_F 则位于价带顶附近。当半导体材料被特定波长的光束照射并发生有效吸收时,基态电子会由于吸收足够的能量而发生从低能态到高能态的跃迁,这一过程被叫作光吸收。可以推动电子发生跃迁的光吸收过程为本征吸收,其遵循能量守恒的原理。也就是如果要发生本征吸收,首要的条件是入射光子的能量 h_v 起码应该高于被照射的半导体材料的带隙,具体的公式可以表达为 $h_v \geq h_{v0} = E_g$,其中 h_{v0} 为引发半导体本征吸收所需要的最低能量。在满足能量守恒定律外,在电子进行光吸收跃迁的过程中也遵守动量守恒原理。若跃迁过程中没有发生电子波矢的改变,电子垂直从价带跳跃到导带上,这种跃迁被称为直接跃迁。然而实际中亦存在着另一种间隙半导体状况,即并不是所有的半导体价带与导带的极值都对应于相同的波矢。

1.1.1.2　PN 结

当 P 型半导体与 N 型半导体两类不同的半导体材料紧密接触时所形成的界面被叫作 PN 结,半导体太阳能器件主要由 PN 结构成。光伏现象的产生也是以 PN 结为基础的。PN 结大体上可以分为同质结和异质结。同质结是由同一种材料但导电类型相反的半导体所组成,异质结是由两种种类不同且导电类型也不同的半导体材料组成。下面对这两种情况做简单介绍。

在热平衡状态下,独立的 N 区半导体中的施主浓度或 P 型半导体中的受主浓度都是均匀分布的,但当两类半导体紧密接触时,接触界面处会出现杂质浓度的突变,这样的 PN 结被称为突变结。N 型、P 型半导体的能带图如

图 1-4a 所示，N 型和 P 型半导体的费米能级分别是 E_{FN} 和 E_{FP}。当 N 型半导体中的高浓度电子与 P 型半导体中的高浓度空穴，通过 PN 结紧密地连接在一起后，就有两类扩散同时存在，一种是电子的扩散，其方向是从 N 区到 P 区，另一种是空穴的扩散，从 P 区向 N 区扩散。两类扩散的结果是，N 区产生了正的电荷区，同时在 P 区产生了负的电荷区，这种 PN 界面产生的电荷称之为空间电荷，如图 1-4c 所示。在空间电荷的作用下生成了内建电场 F，其由 N 区指向 P 区。载流子在内建电场的影响下，其漂流的方向恰好与电子扩散方向相对，这样便导致电子的扩散减弱，直至达到两者间的平衡。此时 $E_{FN}=E_{FP}$，把这种情况称为平衡 PN 结。在突变 PN 结达到平衡后，费米能级 E_F 获得了统一，另外 N 区的空间电荷区内电势比 P 区低，N 区的能带相对于 P 区下移，最终能带结构如图 1-4b 所示。

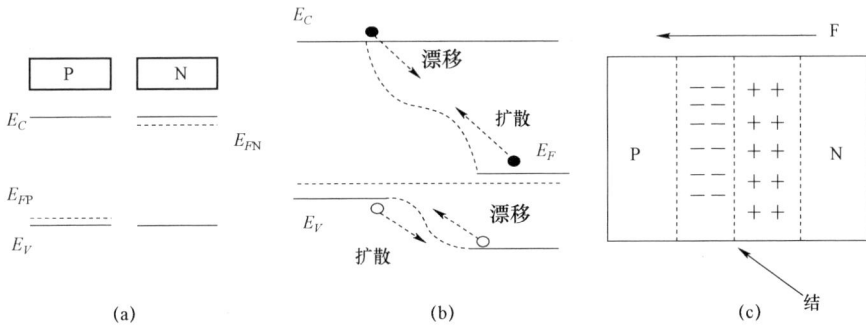

图 1-4　（a）N 型/P 型半导体的能带图；（b）平衡 PN 结能带图；
（c）PN 结的空间电荷区示意图

　　不同于同质结，当不同带隙的半导体材料组成 PN 结时被称为异质结。两种半导体独立的热平衡状态下的能带结构示意图被展示在图 1-5，两类半导体材料的禁带宽度分别为 E_{g1} 和 E_{g2}；X_1、X_2 分别为真空能级 E_0 到这两种半导体材料导带底 E_{C1}、E_{C2} 的能级差；W_1、W_2 电子功函数代表了两类半导体材料能级 E_{F1}、E_{F2} 到真空能级的能级差。当两类不同类型的半导体材料紧密贴合在一起时，拥有较高的费米能级的 N 区电子会克服势垒流动到 P 区，同时空穴向反方向流动，直到费米能级达到一致，即 $E_{F1}=E_{F2}=E_F$，此时达到平衡状态。

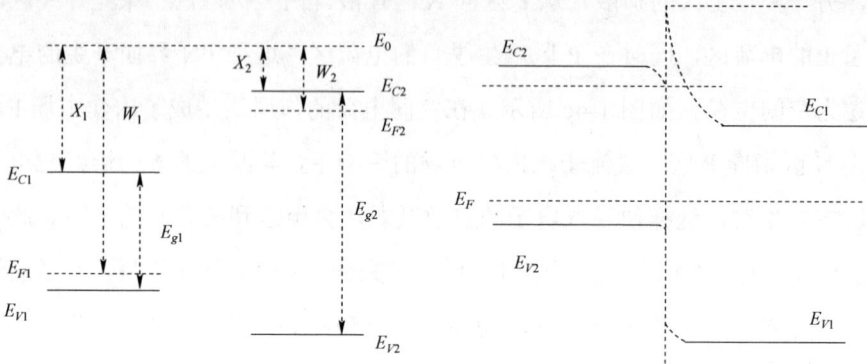

图 1-5　形成突变 PN 异质结之前和之后的热平衡能带图

1.1.1.3　光伏效应

上面简单介绍了与太阳能电池相关的半导体材料基础与热平衡下 PN 结的能带结构，下面对太阳能电池的基本原理——光伏效应，做进一步介绍。当照射到 PN 结上的入射光的能量大于组成 PN 结的半导体的禁带宽度时，如图 1-6a 所示，入射光能够穿透较浅的 PN 结甚至深入到半导体内部，在本征吸收的作用下，结区的两边会产生电子-空穴对。由于 PN 结内建电场的存在，P 区的电子扩散到 N 区，同时 N 区的空穴扩散到 P 区，这样便产生了光生电流 I_L，其方向为从 N 区指向 P 区，如图 1-6b 所示。另外由于光生电子在 N 区的富集，从而降低了 N 区的电势，与此同时，较多的空穴集中在 P 区，也导致了 P 区电势的升高,这样由于光吸收便使得 P 区与 N 区的电势发生改变，形成的新的电势差也即光生电动势。光生电动势的形成相当于在 PN 结两端提供了一个电压为 V 的正相电压，形成了一个与平衡结电场反向的新电场 $-qV$，在该新电场的推动下正向电流 I_F 形成，当 I_F 与光生电流 I_L 相互作用直至等同平衡时，PN 结两端的电势差便达到了稳定，此时的电势差也就是光

电池的开路电压 V_{oc}[22,23]。

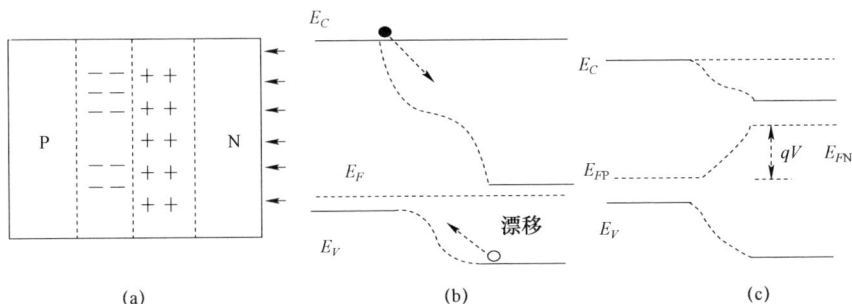

图 1-6 （a）光照 PN 结示意图；（b）平衡 PN 结能带图；
（c）光照 PN 结能带图

1.1.2 太阳能电池的发展

所有类型的太阳能电池均是以光电转化装置为主要构成。表 1-1 展示了
一些在太阳能电池发展史上具有代表性意义的重要成果[24]。太阳能电池按照
技术发展的先后顺序可以划分为三个阶段，晶硅类太阳能电池最早出现技术
也最为成熟，已大量应用于日常生活中[25-27]；随后出现了以碲化镉，铜铟镓
硒非晶硅薄膜太阳能电池为代表的第二代光伏电池[28-30]，最近几十年又相继
出现了染料敏化太阳能电池，有机聚合物太阳能电池，钙钛矿太阳能电池等
新结构三代电池[31-34]。下面分别选取这三代电池中的各个代表作进一步具体
介绍。

表 1-1 太阳能光伏研究发展历程

时间	标志性进展
1839	法国学者 Becqure 首次报道了光伏效应
1877	Adams 和 Day 发明了基于硒的光伏效应的太阳能电池
1883	发明家 Fritts 制作了硒薄膜太阳能电池
1904	Hallwachs 博士与 Einstein 由于光电效应与光敏特性的研究,获得了 1921 年获得诺贝尔奖
1954	美国科学家 Chapin 等使用自制的单晶硅太阳能电池取得了 6%的光电转化效率
1955	转化效率为 2%的硅基商业化光伏产品由 Hoffman 电子推出

时间	标志性进展
1958	卫星系统首次由太阳能电池来提供工作动力
1963	各大公司相继组装了大面积的光伏发电机组
1977	全球首块非晶硅太阳能电池由 Carlson 和 Wronski 提出
1991	瑞士的 Gratzel 教授使用纳米 TiO_2 光阳极制备出了效率达到 7% 以上的染料敏化太阳能电池
2009	三维钙钛矿材料 $CH_3NH_3PbX_3$ 被 Miyasaka 应用于染敏电池的光敏活性层并取得 3.8% 左右的光电转化效率
2016	经第三方评价机构认证的钙钛矿太阳能电池效率已超过 22.1%

1.1.2.1　多晶硅太阳能电池

使用多晶硅材料组成的太阳能电池被称为多晶硅薄膜电池。目前对于多晶硅薄膜太阳能电池的制备，主要采用化学气相沉积法（CVD），液相外延法（LPPE）以及溅射沉积法等[35,36]。在该型电池的制备过程中，发现在非硅衬底上形成的晶粒相对较小，并且晶粒间的间隙较大，这样便妨碍了电池效率的提高。为解决相关问题研究人员提出了多种改进方案。有效的常见做法是先将一层较薄的非晶硅层通过退火的方法牢固地固定在衬底上，从而获得了具有大籽晶的新基底，在这层新基底上再进行多晶硅的沉积。按照这种方式制备的薄膜产品，产品的品质在很大程度上受到来自再结晶水平的影响。如果将来的技术进一步发展后，多晶硅薄膜电池可以实现在低成本衬底上的制备，那么获益于它较高的光电转化效率，在面对来自单晶硅电池与非晶薄膜电池的竞争时，更能吸引市场的投资进而获得大规模应用。

1.1.2.2　CIGS 薄膜太阳能电池

非晶硅铜铟镓硒薄膜太阳能电池是第二代光伏电池的典型代表。其主要以铜（Cu）、铟（In）、镓（Ga）和硒（Se）四种元素经过比例优化而构建。这类 CIGS 电池具有多处优势，如吸收光谱范围宽，稳定性好，抗辐射能力强，成本低效率高。在科技人员的不懈努力下，我国的 CIGS 电池制备技术达到了国际先进水平，在实验室条件下已获得光电转化效率达到 19%以上的 CIGS 光伏电池。导致 CIGS 薄膜太阳能电池效率高的原因可以归于以下几个方面[37-39]。首先，当薄膜吸收层材料中引入硒元素和镓元素后，薄膜整体的带隙会发生改变，使其可以更好地与其他材料的能级相匹配，进而改善电池整体的能带构成；其次，硫化镉氧化锌双层隔膜的构建，能够促进电池在短波区域的光响应；最后，当使用含钠玻璃时，钠可以通过钼的晶界通道进入到铜铟镓硒薄膜电池的内部结构中，这样便在一定程度上改变了薄膜活性层的结构与电学性质，对电池开路电压和填充因子的提高起到正向的促进作用。

目前，CIGS 光伏材料按沉积类型的不同可以分为真空沉积和非真空沉积。其中不同元素一起直接蒸发或制得预制层后再硒化是最为常用的两种方法。尽管 CIGS 光伏器件已经取得不错的进展，但是与商业化的晶硅器件相比仍然存在着一定的差距，并且其制备工艺相对复杂，关键原材料供应不足，缓冲层硫化镉具有一定的毒性，这些缺点阻碍了此类电池进一步的商业化。针对其缺点的改进，需要更加深入地研究。

1.1.2.3 染料敏化太阳能电池

染敏电池结构在 20 世纪 90 年代以前已经存在，但由于平板光电极的使用，其效率较低，并未引起科研人员的足够兴趣与重视。直至 1991 年，瑞士洛桑高等工业学院的 Gratzel 教授创造性地将纳米技术引入到光阳极的制备过程中，基于多孔二氧化钛纳米薄膜的新式染敏电池，其光电转化效率相对于以往结构的染敏电池获得了巨大的飞跃，具体的能量转化效率达到了7.1%，使人们看到了新式太阳能电池大规模应用的曙光，引发了研究人员对染敏电池的热切关注。鉴于 Gratzel 先生在染敏电池发展史上的杰出贡献，该型电池亦被称为 Gratzel 电池。在经过近 30 年技术的不断积累和发展后，最高的染敏电池的光电转化效率保持在 13%附近[40,41]。染料敏化太阳能电池的主要组成部分为负载有半导体阳极的导电支撑基底，吸附在光阳极上的光敏染料，含氧化还原电对的电解质和覆有电催化剂的对电极。相比于其他类型的太阳能电池，染敏电池的突出优势在于成本低廉，技术门槛低，效率适中且工况稳定，这样在方便科研人员对其进行深入研究的同时也有利于中小产业界进入。染料敏化太阳能电池在长期发展后，整体技术已经进入了成熟期，下一步的重点应该集中在继续提高电池的光电转化效率以及适度探索染敏电池的产业化应用。

1.1.2.4 聚合物太阳能电池

聚合物太阳能电池也是典型的三明治结构，透明的导电玻璃基底位于上层，聚合物给体和受体的活性共混膜置于中间，金属电极位于底部。光敏活性层中能提供电子的共轭聚合物被称为是给体，可溶性富勒烯聚合物能够有效地吸收电子，被用作受体。聚合物太阳能电池除了在结构，成本等方面具有一定的优势外，其另一大特点是较易制备出柔性太阳能电池，进而拓展了太阳能电池的应用范围。通过各种技术优化，目前已经获得了能量转化效率超过 12%的聚合物太阳能电池。在聚合物光伏电池中，作为活性层的共混膜的厚度大约为 100~200 nm，并且为了更好地进行空穴的传输，通常要在透明导电基底上负载一层约为 30~60 nm 厚的 PEDOT：PSS 层[42,43]。图 1-7 为典型的常见光伏聚合物结构。其工作机制依然遵循 PN 结光伏原理。当具有较强光能的光束照射到活性共混层时，给体由于本征吸收的发生产生了电子-空穴对，随后电子-空穴对在给体内进行扩散，当其转移到给受体界面时，由于 PN 结自建电场的存在，电子-空穴对在 PN 结界面发生了分离，电子被受体材料所富集进一步传输到阴极，而将空穴留在了给体中。电子通过外环路重新传回到给体，从而使给体恢复平衡。聚合物电池通常存在着电荷传输效率低，太阳光利用率低，填充因子低等缺点。为解决这些存在的不足，一方面需要将给体材料的吸光范围与吸光强度进一步拓宽增强，另一方面，改善给体材料的空穴传输性质也是今后聚合电池研究的重点[44,45]。

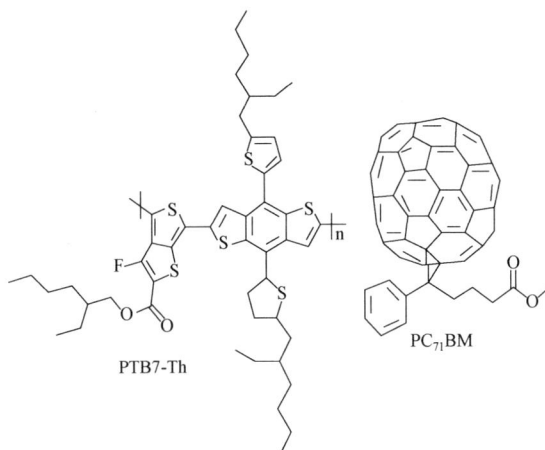

图 1-7　常见的光伏聚合物结构

1.1.2.5　量子点太阳能电池

自 2002 年 Nozik 提出量子点太阳能电池概念并设计出多种相关结构以来，量子点太阳能电池这一新的电池模式已经获得逐步的发展，目前报道的最高的 ZnCuInSe 异质结量子点的能量转化效率，达到了 11.6%。量子点由于尺寸效应能产生多光子吸收，这样便丰富了光能的利用，促进了电池效率的提高[46,47]。另一方面，半导体量子点可以通过改变量子点的大小来调节光吸收或光致发光性能，所以全光谱吸收对量子点纳米材料而言比较容易实现。综合以上因素，量子点太阳能电池有可能突破 Shockley-Queisser 效率的限制，取得相比于其他光伏电池高得多的能量转化效率[48,49]。

1.1.2.6　钙钛矿太阳能电池

钙钛矿太阳能电池在本质上仍然属于染料敏化太阳能电池的大范畴之内，只是其光敏剂由传统的染料转变为 AMX_3 钙钛矿化合物，其中 X 为氧或卤素原子，结构如图 1-8 所示。以小分子 $CH_3NH_3PbX_3$ 为主要光敏剂的有机无机杂化太阳能电池，目前报道的经第三方检测机构认证的最高能量转化效率达到了 22.1%，并且呈现出可以继续提高的趋势。虽然上述效率是在实验

13

室条件下获得，距离已经实用化的晶硅电池仍存在大量未解决的问题，然而这样的重大突破，对于太阳能电池领域而言，无疑是令人振奋的，这使得出现了一种真正意义上可与传统的晶硅电池相竞争的光伏器件。在科研人员的不懈努力与产业资本的强力推动下，未来的钙钛矿太阳能电池有可能走出实验室进而成为继硅晶太阳能电池后又一重要光伏产业[50-52]。

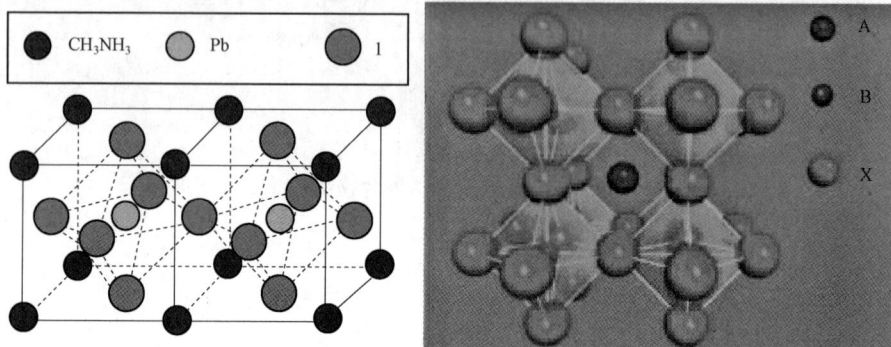

图 1-8　钙钛矿光敏剂结构

目前存在两种不同结构的钙钛矿型光伏电池，一类是载流子分离机制与固态染敏电池相似的介孔型钙钛矿太阳能电池，受到激发的钙钛矿产生的电子注入半导体导带中，从而流向外环路，与此同时，产生的空穴则经过空穴材料的收集进而传输到外环路，从而完成电池的循环。另一类是光生电子-空穴对在钙钛矿内部发生分离传输的平面异质结型钙钛矿太阳能电池，然后再由 N 型致密层与 P 型空穴层分别收集电子和空穴，传输到外环路完成循环。由于制备过程和工作机制不同，这两类钙钛矿电池在最终的光电表现上也存在差异[53-55]。

1.1.3　太阳能电池的基市参数

太阳能电池器件的首要功能便是有效地将太阳能转化为电能并实现稳定输出。因此，太阳能电池的优劣大致可以通过比较相同测试条件下电池光电转化效率的大小来进行。光伏性能的测试可以在真实太阳光下进行，也可以在室内模拟太阳光下进行。在具体的科学研究中，进行器件效率测试的光源均是由太阳光模拟器提供。为了方便不同研究组比较试验结果，相关协会制定了统一的测试标准，也就是所有的太阳光模拟器的输出功率都为 100 mW cm^{-2}，温度为（25±2）℃，这一功率相当于 AM1.5 的太阳光谱辐射。室内测试所用的光源均是白光，存在稳态及脉冲两种模拟发光器。对于小面积的太阳能电池，由于其光响应速度慢，常选用稳压模拟器进行测量。而脉冲模拟器更适用于大面积的光伏组件。另外，由于太阳能模拟器在长时间使用后，不可避免地存在老化的现象，导致输出的太阳光能偏离了标准输出功率，所以在每次测量前应该使用标准的硅电池对太阳光发生器进行校正，校正的方法，多为增大模拟器的使用电流进而加强光照强度，这样便可以尽量地将每次测试所带来的误差降低到最小，从而易于准确地比较试验结果。

所有类型的太阳能电池的实际工况都可以通过记录电池的电流密度-电压特性曲线（J-V 曲线图）来进行展示，图 1-9 展示了典型的太阳能电池的 J-V 曲线。对于全球的太阳能电池研究人员，由于实际制备出的各类光伏器件的光阳极工作面的面积并不一致，所以若使用短路电流来比较电池性能的优劣，会带来诸多混乱。为此，在实际的电池性能比较中，通常采用比较电流密度的大小来对电池的表现进行评价。在图 1-9 的 J-V 曲线中，曲线在电压为零的电流轴上的截距数值被认为是光伏电池的短路电流密度；曲线在电流密度为零的电压轴上的截距数值被认为是光伏电池的开路电压。一般来说，由光伏电池 J-V 曲线的拐点处分别向电流密度轴和电压轴做垂线，则构成的矩形的面积代表了该光伏电池实际的最大输出功率（图 1-9 中的小矩形），另外将短路电流密度点与开路电压点连接成的矩形则代表了光伏电池理论上的最大输出功率（图 1-9 中的大矩形）。两个矩形的面积之比，也就是最大实际功率与最大理论功率之比，该数值就是对于光伏电池具有重要意义的参数填充因子 FF（式 1.1）。通过分析 J-V 曲线，能够获得许多重要的光伏电池性能参数，在这些参数中尤为重要的是太阳能电池的光电转化效率。对于设置好的太阳光模拟器，其发射出的功率值是确定可知的，在此基础上，就可以获得光阳极表面吸收的太阳能（P_{in}），通过式（1.2）便可以得到太阳能光伏电池的能量转化效率[56,57]。

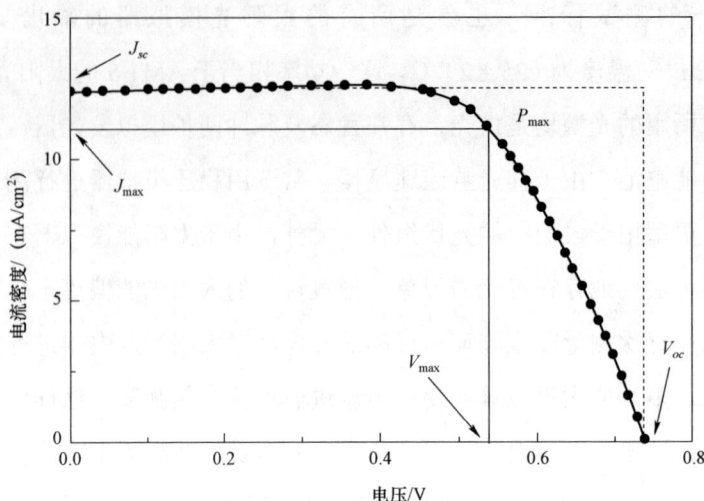

图 1-9 太阳能电池电流-电压特性曲线图

$$FF = \frac{P_{max}}{J_{sc}V_{oc}} = \frac{J_{max}V_{max}}{J_{sc}V_{oc}} \tag{1.1}$$

$$PCE = \frac{P_{max}}{P_{in}} = \frac{FFJ_{sc}V_{oc}}{P_{in}} \tag{1.2}$$

在关于太阳能电池测试的各类方法中，对太阳能电池进行光谱响应测试亦能够获取反映电池性能的多重信息。具体的测试方法是，使用不同波长的单色光照射电池，然后测量在该特定波长下器件的光伏表现，将获得的参数进行归一化处理后，可以得到关于不同能量的入射光产生的电流情况，这样的测试也可以被称为量子效率测试。对于量子效率测试而言，又可以分为内量子效率测试（IQE）和外量子效率测试（EQE）。IQE 是指已转化为输出电流的光生载流子数与被电池光阳极本征吸收的光子数之比，而太阳能电池的 EQE 是指已转化为输出电流的光生载流子数与照射到光阳极工作面的入射光子数之比[58,59]。外量子效率也可以通过入射单色光子-电子转化效率（IPCE）表征。具体的 IPCE 测试所代表的是单位时间内外环路中实际通过的电子数与照射到光伏器件光阳极上的全部光子数的比值，它亦可以用式（1.3）进行表示。在所有的关于太阳能电池的量子效率测试中，都是使用 IPCE

来进行比较，对于光子在光电材料表面的损失一般可以忽略不计。

$$IPCE(\lambda) = \frac{N_e}{N_p} = \frac{1240 \cdot J_{sc}}{\lambda P_{in}} \qquad (1.3)$$

1.2 染料敏化太阳能电池

1.2.1 染料敏化太阳能电池的构成

经过科研人员的不懈努力，染料敏化电池（DSSCs）解决了许多关键性的问题，目前已经是一个相对活跃的研究领域[60-63]。除了 DSSCs 低成本，高效率以及未来可能产生的潜在市场外，相对较低的技术门槛使得工业界易于进入。目前对于 DSSCs 的研究集中在努力提高染敏电池的光电转化效率和延长器件的使用寿命两个方面。染敏电池由如下几个主要部件构成，包括光阳极（载有半导体薄膜的导电基底）、吸光染料、电解质以及对电极电催化剂等，下面对这些染敏电池的主要部件做若干介绍。

1.2.1.1 半导体纳米多孔薄膜

纳米半导体薄膜的重要作用是作为染料吸附的载体，不同结构的半导体薄膜对染料的吸附量有着关键的影响。经过科研人员的长期探索，对用于染敏电池光阳极的半导体薄膜达成了如下共识。首先，光阳极半导体膜要拥有充足的比表面积，这样才能为染料分子的吸附提供足够的空间，而较多的染料分子无疑能够产出更多的光生电子。其次，纳米半导体表面与染料小分子间要通过化学吸附的方式进行有效的连接，这样电子才能毫无阻碍地注入光阳极内，再次，电子在薄膜中能够快速地传递，并且复合相对较慢。目前用于 DSSCs 的半导体薄膜主要是 TiO_2 以及 ZnO，这两种常用的半导体材料的导带与染料的 LUMO 能级比较匹配，也就是说染料分子的最低未占有轨道的位置应该处于作为光阳极材料的导带之上，电子在能级差的推动下就可以顺利地从染料流向半导体光阳极。图 1-10 为不同种类半导体材料的能带图。

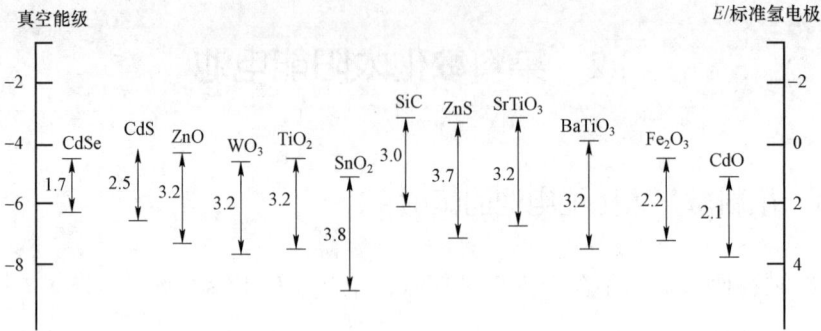

图 1-10　多种半导体材料的能带位置图

　　目前经制备获得的锐钛矿相二氧化钛和金红石相的二氧化钛都是宽禁带半导体，但两者的带隙有着较为显著的不同，锐钛矿型 TiO_2 的带隙要小于金红石相 TiO_2。两类 TiO_2 由于晶型结构的不同进而导致电子结构的差异。实验结果表明以这两种不同晶型的 TiO_2 组成的染敏电池，在开路电压方面不存在明显的差距，然而两者的电流密度有着显著的不同，锐钛矿基染敏电池的短路电流密度要超出金红石基的染敏电池的短路电流密度 30% 以上。对于这种现象的产生，一般的解释认为是由金红石二氧化钛较小的比表面积所导致的。另外金红石相二氧化钛的颗粒间距较大，这样不利于电子的快速传输，也影响了短路电流的大小。TiO_2 的化学性质稳定，且生物无毒性。纳米 TiO_2 表面的 Ti—O 键极性大，导致大量羟基易在表面形成，这样有利于提高 TiO_2 的吸附。醇等有机小分子在 TiO_2 表面通过氢键形成了强化学吸附。粒子表面性质能够对化学吸附造成一定的影响，此外，吸附相或者粒子所处的溶剂种类也是影响吸附的重要因素[64,65]。

　　实验室条件下常采用水热法或模板法来制备纳米 TiO_2。水热法是指将含有反应物前驱体的水溶液密封在不锈钢的水热釜中，通过提供外在热源，水溶液蒸发在密闭空间内形成自身压力，模拟地层内部环境，促使反应前驱体在水介质中溶解，进而成核生长，最终形成具有一定粒径和结晶形态的纳米材料的方法。该方法制备工艺简单、活性高，但获得的 TiO_2 产物在阵列有序度以及紧密堆积度方面较弱，导致染料在这类型的 TiO_2 表面的吸附量较少，从而未能获得较高的光电转化效率。模板法是在模板纳米尺寸的孔径或外壁上进行材料的成核和生长的方法，孔径或直径的大小和形貌决定了产物的尺寸和形貌。当使用模板法来进行纳米 TiO_2 制备时，获得的产品相比于水热产品表现出更好的光伏性能。除去传统的单一纳米 TiO_2 薄膜，为进一步优化染敏电池的光伏性能，研究工作者们采用多种手段对纳米 TiO_2 进行修饰。如对纳米 TiO_2 进行掺杂，杂质的引入可以改变 TiO_2 光阳极半导体能带结构及表面态的分布，使得半导体材料的吸收峰发生红移，进而有利于电荷的分离和转移，限制染敏电池中电子在光阳极/电解液界面复合反应的发生，从而提高 DSSCs 的光电转化效率。可用于纳米 TiO_2 光阳极掺杂的掺杂剂种类众多，包括非金属/金属，金属离子和各种金属氧化物等。另一方面，使用其他材料实现对纳米 TiO_2 粒子的表面包覆，也是一种重要的对 TiO_2 改性修饰的方法。经过包覆修饰后的纳米 TiO_2 表面的电子复合被有效抑制，电池的光电性能进一步得到提高。然而，对于在纳米 TiO_2 表面进行包覆的效果好坏依然存在一些争论[66-68]。

ZnO 是一种无毒无污染且对环境亲和的半导体材料，它的电子迁移率较大并且电子结构与二氧化钛较为相似。氧化锌存在多种结构，然而其中最为稳定且最为常见的是纤锌矿结构，该类型的氧化锌结构中存在锌氧原子组成的正四面体，且该结构具有中心对称性。基于 ZnO 半导体薄膜的染料敏化电池取得了一定的光电转化效率，但是其距离 TiO_2 的光电转化仍有较大的距离[69-71]。光伏表现出现差距的原因是，ZnO 的晶粒尺寸大导致 ZnO 光阳极的比表面偏小，进而染料的吸附量偏小，光吸收不充分，产生的光生电子数量有限，另外不同于二氧化钛中存在的电子耦合，在氧化锌表面会生成 dye/Zn^{2+} 配合物，阻碍了电子向氧化锌导带的传输。所以针对 ZnO 薄膜半导体的研究仍需要进一步加强。

1.2.1.2 光敏染料

用于染敏太阳能电池的光阳极都是宽带半导体，其只对紫外光区的光能敏感，而对整个可见光区的吸收利用率很低。为能够更多的吸收光能，需要对作为光阳极的半导体进行修饰，通常的做法是将具有较强太阳光吸收能力的染料负载在半导体薄膜上。当太阳光照射到光敏染料上时，染料发生本征光吸收，电子越过禁带从最高占据轨道跃迁到最低未占轨道，同时由于染料的最高未占轨道位于光阳极材料的导带之上，在能级差的作用下被激发的电子顺利转移到半导体中。与此同时，留在染料中的空穴俘获电解液中可逆氧化还原电对上的电子，染料恢复平衡。从染敏电池诞生以来，科研人员已经设计出种类众多的光敏剂。但其几乎都遵循下面一些原则[72,73]。首先，合格的用于染敏电池的染料应该能够尽可能多的吸收太阳光能，尤以可见光与近红外光为主；其次，染料应该以有效的化学键的形式与半导体材料的表面相结合，并且染料能级要匹配于光阳极材料以及电解液中传输介质的能级，最后，染料不能被光能分解，能反复长期进行有效工作。目前应用在 DSSCs 的常见染料可分为无机的含金属染料和全有机染料两大类。

无机含金属配体染料由吸附配体和辅助配体构成，这类染料的化学稳定性和热稳定性均较好。吸附配体的主要作用是使染料分子能够紧密地固定在半导体表面，辅助配体，顾名思义，其作用是用来调整染料的其他吸光性质。羧酸多吡啶钌染料是目前被大范围应用的无机染料，其典型代表为 N719 型染料，结构如图 1-11（a）所示，基于该型染料的 DSSCs 保持着最高的光电转化记录[74,75]。作为该染料锚定集团的羧基是平面结构，这样便有利于电子快速注入。除了金属吡啶染料外，含金属的卟啉类染料亦展示出良好的光电转化性能，如锌卟啉类配合物染料，结构如图 1-11（b）所示。相关研究指出，当光照激发卟啉类染料发生电子跃迁后，已经注入导带的电子与被激发的染料的复合过程需要几微秒以上，这样留在染料中的空穴能很快地夺走电解质中可逆电对的电子，从而恢复平衡。近些年的研究已经说明卟啉类染料具有良好的应用前景[76,77]。

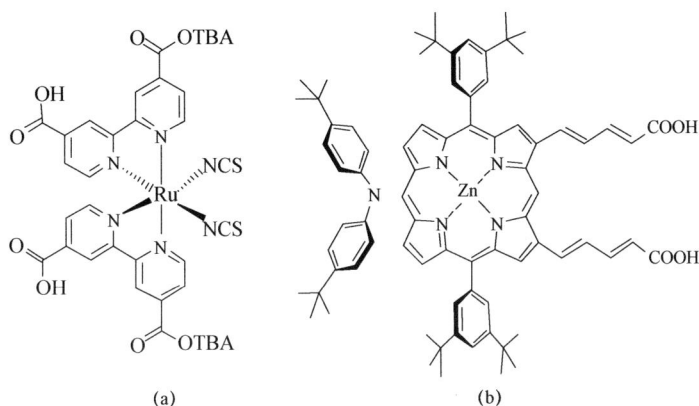

图 1-11 （a）N719 染料结构；（b）Zn 卟啉类染料结构

  有机染料敏化剂通常都拥有相似的"供体-共轭桥-受体"结构。由于共轭桥的存在，电子可以快速地从供体传输到受体[78-80]。共轭桥结构的大小能够对染料分子产生重要影响，进而改变电子从染料到光阳极的传输状况。共轭桥越大的染料分子在近红外光区的吸收越强，电池的短路电流密度越大。有机染料的"供体-共轭桥-受体"结构优化相对方便，各结构单元可以分别进行独立修饰，方便于探究染料结构与光电转化效果之间的联系。相对于无机配体染料，全有机染料的成本相对较低，种类多样。如目前应用较广的基于吲哚啉的光敏剂，它的电子给体为二氢吲哚及其衍生物，电子受体为绕单宁环类，两者以共轭桥相连，基于此类染料的染敏电池取得了一系列良好的光电转化效率。另外具有强供电子能力的三苯胺基团及其衍生物，也常被用来组合新型染料。由于三苯胺基团中存在非共平面的三个苯环，可以减轻分子间的堆积，缓解染料的聚集，极大定域 TiO_2 表面的阳离子，光电子与氧化态敏化剂之间的重组被大幅抑制，对改善光电表现起到积极作用。

1.2.1.3 电解液

  电解液是 DSSC 的重要组成部分，它连通着光阳极与对电极，使得电子能够传输到被激发的染料激态，进而使染料恢复平衡。电池的光电性能的好坏受到了来自电解液的强烈影响。优良的电解液能够为氧化还原电对提供良好的扩散速率，该扩散速率主要受浓度驱动。较小的扩散系数会使扩散通量降低，进而影响到短路电流，另外扩散会产生扩散阻抗，成为电池内阻的一部分。电解质的主要组分为可逆氧化还原电对，溶解电对所需的溶剂以及必要的稳定添加剂。按照存在的状态，电解质可以被划分为液态电解质和准固态电解质。

目前最成熟也是应用最广泛的是碘系液态电解液，其中的氧化还原电对为 I_3^-/I^-。除了可逆氧化还原电对，电解液体系中还包括可逆电对的有效溶剂，如乙腈、三甲氧基丙腈；稳定添加剂，如锂盐、4-叔丁基吡啶等[81,82]。这类电解液能够很好地渗透进半导体薄膜的内部空间中，从而密切接触负载在光阳极上的染料小分子，另外由于多种添加剂的存在，这种电解液也能在一定程度上抑制光生电子的复合。然而这类溶剂型的碘系电对也有不足之处，如碘电解质对光有一定的吸收，从而削弱了染料对光能的利用。再者碘系电解液能造成金属电极的腐蚀，在电池的长久使用方面存在相当的隐患。由于良好的电化学性能，金属络合物型氧化还原电对也被用作染敏电池电解液，如钴络合物。通过对钴络合物进行修饰，可以在一定程度上调节电池的开路电压，并且该型电解液几乎不存在像碘电解液般对太阳光能的吸收，从而有利于染料更好地发挥作用。此外，这类电解液对金属电极的腐蚀较小，也是其优势之处。但是使用钴基电解液的染敏电池，能量转化效率相对较低，对于该电解液的研究仍然需要进一步加强。除去无机的碘基电解液和金属络合物电解液，近些年出现的有机氧化还原电解液体系也表现出一定的潜力，如四甲基硫脲（TMTU）与其氧化态（TMFDS$_2$），将其用于染敏电池时，亦取得了不错的光电转化效率[83,84]。

在染敏电池的实际使用过程中，液态电解液暴露出了易挥发易泄漏的种种缺点。为此，研究人员开发出了一系列准固态电解质来解决液体电解液的不足之处，这类准固态电解质又被称为凝胶电解质。凝胶电解质中的组成与液态电解质的组成大致相同，其特点是存在胶凝剂。目前绝大多数的凝胶电解质仍采用 I_3^-/I^- 作为可逆氧化还原电对。阻碍凝胶电解质使用的主要是其能量转化效率偏低，为此需要进一步探索改善凝胶电解质的新途径[85,86]。

1.2.1.4　对电极

对电极的主要作用可以分为两个部分。一是收集来自外环路的电子，二是通过电催化作用将收集来的电子转移到电解液的氧化还原电对上。常见的对电极均由电催化活性层与作为其支撑的基底构成，目前大多数使用的是导电的玻璃基底，一些文献中也提出了柔性基底的概念，如较薄的金属片或者聚合物导电膜等。可以用作对电极电催化剂的材料种类众多，稀有金属铂由于突出的催化性与导电性被大量作为染敏对电极，铂电极的制备可以采用磁控溅射或者热裂解。染敏电池的优势之一就是低成本，但是由于铂电极的高昂造价会带来电池整体制备成本的上升。因此，设计制备廉价非铂高效电催化剂，有利于染敏电池产业的综合发展。随着研究人员的不懈努力，各种新型催化材料被开发出来，应用于对电极上，并且取得良好的效果。下面对作为对电极电催化剂的若干材料进行介绍。

首先是碳材料，碳材料价格低、化学性能稳定、导电率好，并且对碘系电解液有较好的催化性能，已经在对电极领域得到广泛的关注[87-89]。碳基电催化剂包括石墨烯、碳纳米管、炭黑、纳米碳粉等。基于这些碳材料的染敏电池展示出了良好的光电转化效果。目前新型碳材料电催化剂的开发，主要集中在利用新方法增大碳质材料的比表面积，或对碳材料进行掺杂改性，从而进一步增加材料本体的催化活性位点。

其次对电极亦可采用多种类型的导电聚合物作为电催化剂。导电聚合物制备工艺简单，通过掺杂或改变工艺的方法就可以提高聚合物的导电或催化性能，已经展现出良好的应用前景。比较常见的聚合物对电极材料为聚噻吩、聚苯胺以及聚吡咯[90-92]。聚 3,4-乙烯二氧噻吩具有良好的导电率与催化性能，基于该材料的染敏电池表现出不错的光电转化效率，并且由于其良好的透光性，在双面电池上也展现出一定的应用前景。聚苯胺常用作太阳能电池的空穴传输材料，经掺杂后，亦展示出较强的电催化能力。聚吡咯纳米颗粒具有介孔结构，界面转移电阻小，催化活性强，其在染敏电池对电极上的应用也有良好表现。

再次，过渡金属化合物作为对电极催化剂在近年来也呈现出较好的应用前景，比如氧化物、硫化物、硒化物、氮化物、碳化物以及部分磷化物[93-95]。这些对电极材料的制备方法多样，有的是直接将作为电催化剂的金属化合物沉积在导电基底的表面，有的是通过旋涂-退火的工艺来完成。总的来说，基于这些材料的对电极电催化性能出色，电池的光伏表现良好。金属化合物电催化材料的发展方向之一是纳米化，这样制备出的材料比表面积足够大，电催化活性位点较多，电解质易于与催化剂表面的接触。另外制备多元的过渡金属化合物，也是这类材料的发展方向，如三元的 NiCoS 电极、四元的 CuZnSnS 电极等。

最后，为获得优于铂电极的新型电极，将多种具有可靠电催化性能的材料进行复合也是获得良好对电极催化剂的有效办法[96-98]。通常，复合电极由若干电催化材料整合而成。这类对电极在化学稳定性，抗腐蚀性，催化活性等方面都展示出卓越的性能优势。

1.2.2　染料敏化太阳能电池的工作机制

染敏电池的基本研究过程展示在图 1-12 中。其过程可以简述如下：当负载在光阳极上的光敏染料吸收足够的光能后，光生电子流入半导体薄膜中，进而传输到外环路。与此同时，含有空穴的染料通过氧化电解质中的可逆电对获得电子，从而恢复平衡。在电池内电势场的作用下被夺去电子的电对扩散到对电极材料附近。通过外环路负载继而传输到对电极的电子，在对电极电催化剂的作用下还原被氧化的电对，这样染料敏化太阳能电池的工作循环完成[99,100]。下面对染敏电池工作过程中，电子的注入、传输、复合、染料的再生等做详细介绍。

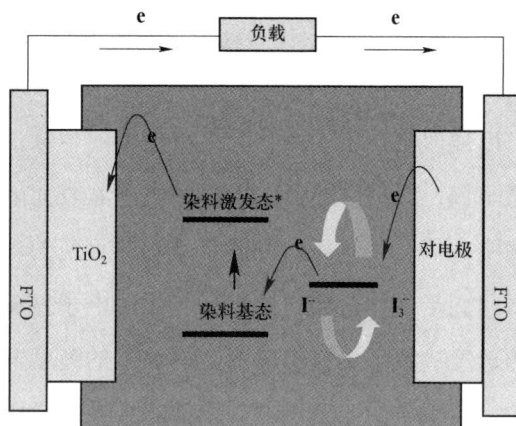

图 1-12　染料敏化太阳电池基本研究原理

　　光敏染料吸收足够能量发生本征跃迁时，外层电子从低能量轨道跳跃到高能量轨道，与此同时将空穴留在了染料分子内。若受激电子所处能级位于光阳极导带之上，电子则能够顺利地从染料能级流向半导体中。如果染料受激电子所处能带低于光阳极导带，则电子的转移不会发生。激发电子向染料的注入过程较为复杂，涉及染料、电解液、光阳极等诸多部分。其中较为重要的是注入反应的自由能变化，其可以用公式 $-\Delta G_{inj} = E_{CB} - E_{LUMO}$ 表示。在非绝热极限假设下，电子在注入过程中其能量会发生变化，染料受到激发后的 E_{LUMO} 和光阳极材料导带底 E_{CB} 之间的能级都会对电子注入有贡献，因此电子的注入速率随着 $-\Delta G_{inj}$ 值的增加而增加[101,102]。在绝热极限条件下，电子在注入过程中没有能量的变化，注入反应的势垒与始态和终态之间的耦合强度相关。如果始态和终态之间的耦合作用很强，有可能出现没有势垒的情况，电子注入的速率不再与染料激发态与半导体导带能级差有关，而是与快速的核运动以及电子在半导体中的退相干过程有关。另外半导体的性质也会影响电子的注入效率。TiO_2 与 ZnO 的能级位置比较接近，但是注入速率却相差很多。可能的原因是由于 TiO_2 具有大的电子有效质量，这使得导带的态密度较高，能够与染料的电子态发生较多的重叠，并且其导带是由四价态的 3d 空轨道组成的，与染料电子给体的 π^* 也有很好的空间重叠。

　　传输到光阳极中的电子存在两种运动状态，扩散和漂移。在不同梯度场的作用下发生的电子的运动，被称为扩散；在电场推动下进行的载流子移动，被称为漂移。对于电子的漂移运动，由于电池中的电解液屏蔽了半导体光阳极的电场，所以可以被忽略。电子在纳晶光阳极中的传输过程与体材料是不同的，对于纳晶光阳极，在拥有较大比表面的同时其表面陷阱态浓度较大，导致部分电子被陷阱态捕获。然而这种捕获是相对可逆的，也就是说被捕获的电子还可以重新回到半导体材料的导带上。因此电子传输过程受到俘获和逃逸控制，逃逸的速度决定了传输的速度。而逃逸的速度又与半导体的陷阱态的能级位置有关，当电子的浓度增加后表面态会被逐渐填满，表面态能级向上移动，表面态与导带之间的能量差减小，使得电子从表面态向导带逃逸的速度增加，电子的扩散速度加快。更多的研究集中在孔隙度和扩散之间。半导体纳米晶薄膜中每个纳米粒子都和不同数量其他粒子相连接，当膜的孔隙率增加后，电子的传输距离同时增加。为了使纳米晶薄膜中电子传输得更快，减少纳米晶薄膜形态上的无序性和网络的分形维度是一个研究方向[103,104]。

光激发产生的电子有可能在半导体薄膜与电解液的界面发生复合，也可能与被激发的染料发生复合，这些复合反应的发生都会降低光电转化效率。用来表征电子复合的特征时间被称为电子寿命，电子寿命随光照强度的变化范围可以从毫秒级到分钟级，也就是说电子能够在纳米晶薄膜中存在较长的时间而不被复合。对于使用碘系电解液的染敏电池来说，复合反应主要发生在电解液与光阳极的接触界面，而电子与被激发染料的复合可以忽略不计[105,106]。对于此现象的解释有两种，一类认为，决定复合反应的控制步骤是界面上碘的电子反应，另一类认为半导体纳米薄膜中的电子的扩散是复合反应的速度控制步骤。最近的研究表明，当少量的 Li^+ 嵌入到 TiO_2 晶格中后，电子的传输和复合的反应速度都显著减慢，复合时间随着传输时间的增长而增长。并且 Li 离子嵌入前后器件的开路电压几近相同，短路光电流密度差别不大。被激发后的染料重新接受电子恢复平衡，该过程被称为染料的再生。

通常来说，染料的再生是一个非常快的过程，对染敏光伏电池的整体效果的影响有限[107,108]。染料的再生机理可以用式（1.4）与式（1.5）表示。

$$dye^+ + I^- = [dye^+,\ I^-]（中间体） \tag{1.4}$$
$$[dye^+,\ I^-] + 2I^- = dye + I_3^- \tag{1.5}$$

染料离子的复合包括两类，一类复合发生在中间体与导带电子间，另一类在染料离子与导带电子间。两个过程可以由式（1.6）与式（1.7）表示。

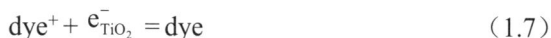

$$[dye^+,\ I^-] + e^-_{TiO_2} = dye + I^- \tag{1.6}$$
$$dye^+ + e^-_{TiO_2} = dye \tag{1.7}$$

相关实验结果表明，被激染料能够快速地生成中间体，反应的速度显著快于复合反应，使得染料正离子主要是与碘反应生成中间体而基本不与导带电子复合。另外催化反应中间体的形成，避免了将碘负离子直接氧化为碘原子这一高势垒的反应，有利于染敏电池的高效有效运行。

1.3 染料敏化太阳能电池对电极

1.3.1 对电极电催化过程

对电极电催化过程的实质是将收集来的外环路电子通过电还原过程传输到被氧化的电对中。在电催化剂与电解液接触界面的液相区，存在双电层。关于双电层理论的模型有很多，并且这些模型也在不断完善中。下面对常见的 Stern 模型做一些介绍。图 1-13 呈现了 Stern 模型的中的紧密层和扩散层。紧密层约有 1~2 个分子厚，紧密地吸附在表面上，这种吸附也被称为特性吸附，它相当于 Langmuir 的单分子层吸附，由于电解液中的离子存在溶剂化现象，导致离子被吸附在紧密层时结合了若干溶剂[109,110]。扩散层位于紧密层外，该处离子从电极紧密层逐渐延伸到电解液内部。

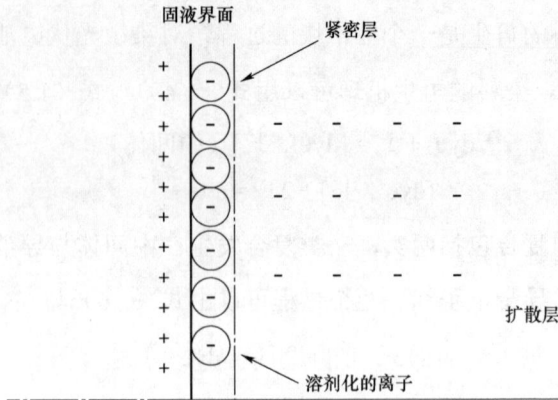

图 1-13   固液界面的 Stern 双电层模型

对于固液接触界面的固体一侧，对金属电极而言，主要是电子导电，因为价电子可以自由运动，进而穿越界面，其能量与金属晶格中原子的电子排布有关。对于半导体电极，电子能级是非常严格的，有着重要的次序。对于 N 型半导体来说，主要是电子导电。当 N 型半导体电极与电解液形成固液界面时，电解液的氧化还原电势即费米能级，低于电极的费米能级 E_F 时，电子将通过界面转移到电解质溶液中。电荷的移动达到平衡后，两相中的费米能级相等，而在界面上产生相应于两相中初始能级的电势差，并引起半导体能带的弯曲。整个过程能带的变化如图 1-14 所示。对于半导体电极，一切电

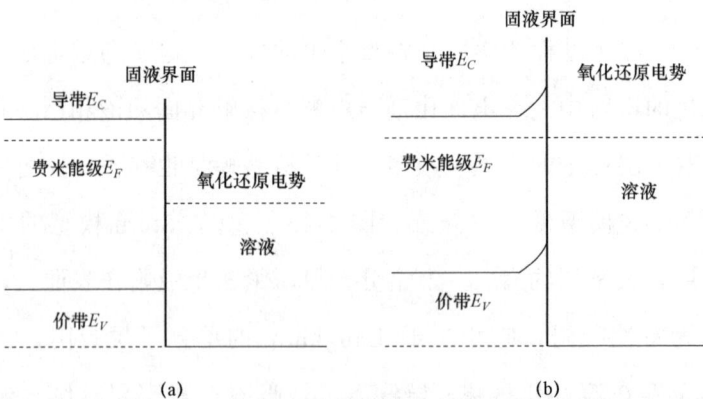

图 1-14   N 型半导体与电解质接触界面能带变化

（a）接触前；（b）接触后

势的改变都在空间电荷层进行。另外当吸附某些物质或表面重组后，其他一些电子能级也会存于半导体表面，如果吸附物质的表面态与导带有重叠，则能够有助于电子的转移[111,112]。

对电极电还原过程主要在电解液和电催化剂的接触界面上进行。该过程由一系列基元反应共同组成[113,114]。主要包括如下几个步骤：① 反应物分子扩散到电极附近，然后被吸附到电催化剂的表面；② 被吸附到电极上的分子进行离子氛的重排；③ 溶液偶极子的重新取向；④ 中心离子和配体之间相互作用；⑤ 电子发生转移，获得反应产物；⑥ 反应产物解吸附离开电极，重新进入电解液中。除了串联的分步电极反应外，还存在若干并联的分步反应。一般认为，存在着一个决定性反应步骤，强烈影响着发生在电极上的整体反应，那么其他分布步骤可被简化认为是处在热力学平衡态。对于使用碘系电解液的 DSSC 器件，其对电极催化剂上发生的还原反应是：$I_3^- + 2e^- = 3I^-$。具体的电催化反应过程如图 1-15 所示。

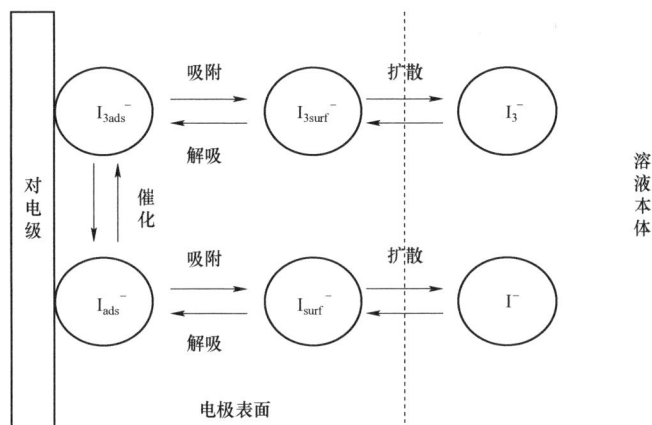

图 1-15　I^-/I_3^- 在对电极/电解液界面的电极反应过程

1.3.2　对电极的性能评价方法

目前关于不同对电极间的评价，既可以比较器件的光伏表现，也可以使用多种电化学手段来进行检测。常见的对电极材料电化学分析方法，包括循环伏安法、电化学阻抗谱、Tafel 极化曲线分析等。下面对上述电化学分析方法做一些说明。

1.3.2.1 循环伏安法

循环伏安法能够有效地比较不同对电极间的催化性能。通常采用三电极体系来进行测量[115,116]。以制备好的对电极作为工作电极，铂线或铂片作为参比电极，银线或者 Ag/Ag^+ 电极作为参比电极。用于测试的支撑电解质中含有与实际电池电解液中相同的可逆电对。在测试时，电压以恒定的速率扫描，同时电流被持续监测。测试的电流来源于感应电流和非感应电流，前者由电解液和电极界面电容充电产生，后者由电极上电子传输产生。图 1-16 展示了标准的 Pt 电极的循环伏安图。对于 Pt 电极而言，其伏安曲线含有两对完整的氧化还原峰。相对较负的还原峰代表 $I_3^- + 2e^- = 3I^-$ 反应，相对较正的氧化峰代表 $3I_2 - 2e^- = 2I_3^-$。在评价新型电极材料的催化性能时，通过对比新材料电极与 Pt 电极的循环伏安特性曲线，来辨别其电催化能力的强弱。一般而言，阴极还原峰强度越大，电极材料的还原能力越好。另外氧化峰与还原峰之间的电位差，也就是所谓的峰峰距，也是评价电极催化性能优劣的一个重要参数。峰峰距越小，表明电解液中的可逆电对更容易在该电极材料表面进行反应。另一方面，如果新开发的对电极催化能力很弱，则一般情况下无法观察到阴极支的还原峰。对一些碳材料以及相关的复合物而言，虽然电催化性能出众，但在记录得到的循环伏安图中，并没有表现出如同 Pt 电极般的两对完整的氧化还原峰，通常只有一对氧化还原峰或者只有明显的阴极支还原峰。这是碳基电极的一个典型特征。相关的研究表明，当增加支撑电解质中的氧化还原电对的浓度时，碳基电极也能呈现出两对氧化还原峰，这可能是由于 I_2 在高浓度下形成多碘离子如 I_5^- 造成的。

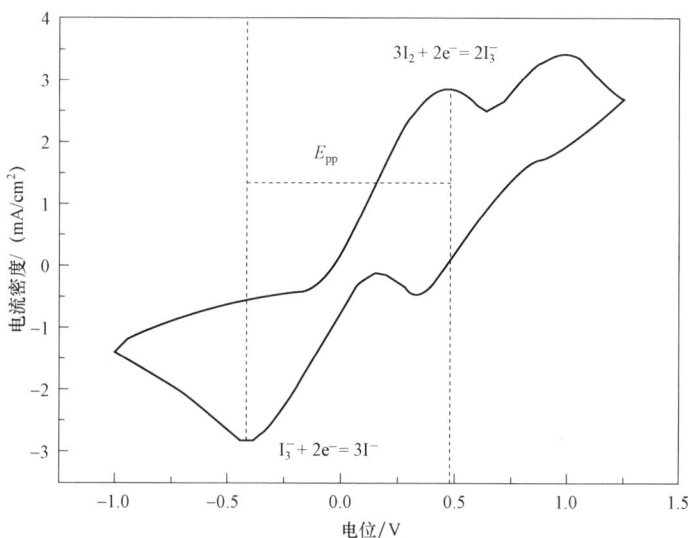

$$3I_2 + 2e^- = 2I_3^-$$

E_{pp}

$$I_3^- + 2e^- = 3I^-$$

图 1-16 典型的 Pt 电极的循环伏安曲线

1.3.2.2 电化学阻抗谱

电化学阻抗谱（EIS）的相位角 Φ 随频率 ω 的变化，速度较快地响应由高频部分的阻抗谱反映，而速度较慢地响应由低频部分的阻抗谱反映。光伏器件固液界面反应过程以及内部结构信息可以经 EIS 测试获得[117,118]。为方便分析，被测试的光伏器件的结构，通常采用电阻（R）、电容（C）以及电感（L）等基本元件按照不同方式组合成等效电路来模拟。另外为了更准确地研究对电极部分，排除染料敏化电池其他组件的干扰，通常使用两块一模一样的电极构建虚拟电池来完成 EIS 测试。这种虚拟电池的优势在于，两个电极表面的电场分布是相同的，并且由于电池十分薄，对流现象几乎不存在，同时电解质中的高浓度离子阻挡了电池内部电场的建立，因此迁移也可以被忽略，也就是说扩散是影响物质传输的唯一因素。EIS 谱包括两部分——Nyquist谱和 Bode 谱。一般而言，Nyquist 谱中可以较多地反映出对电极膜的电化学信息。图 1-17 展示了典型的 Pt 基对称电池的组成示意图，Nyquist 图以及该阻抗谱对应的模拟电路。由于是对称电池，所以 Nyquist 图上展示出的电化学参数实际为两个对电极/电解液界面参数之和。在等效电路中，R_s 是串联电

31

阻，主要来自导电基板电阻和引线电阻，对应于高频区在横轴上的第一个截距。R_{ct} 和 CPE 分别是对电极与电解液界面的电荷转移阻抗和双层化学电容，均与左边的高频区圆弧相关。W 是电解液中碘离子的能斯特扩散阻抗，对应于右边的低频区圆弧。较小的 R_{ct} 值意味着电极材料对可逆电对的还原能力强，较大的 W 值意味着可逆电对在电解液中的传输速度比较慢，扩散系数比较小。若电催化膜的表面粗糙不平整，则测得的 CPE 电容值偏大。通过改变对电极的膜厚能够控制 R_s 值的大小，较小的 R_s 值有利于改善电池的光伏性能。太薄的对电极膜会使电子传输受阻，低频区域会出现一个大的圆弧。若将对电极的电催化膜加厚，圆弧的跨度将变小。

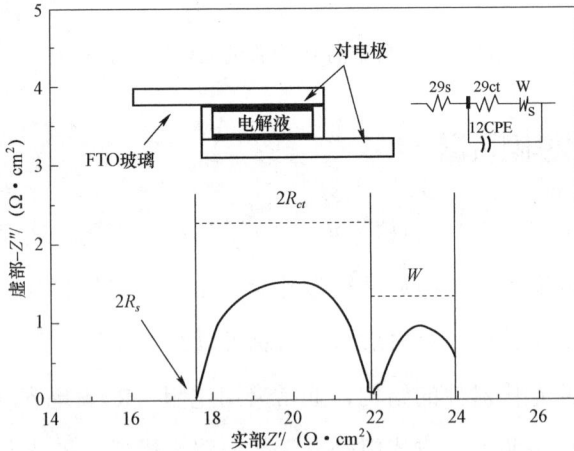

图 1-17　典型的基于 Pt 电极的奈奎斯特图

1.3.2.3　塔菲尔极化曲线

一般而言，Tafel 测试也被实施在模拟的对称电池上。通过分析 Tafel 极化曲线，可以得到诸如交换电流密度 J_0，极限扩散电流密度 J_{lim}，扩散系数 D_n 等电化学参数。通过比较上述参数值，可以辨别不同电催化剂还原能力的差异。图 1-18 展示出常见的 Tafel 曲线图。根据过电位由低到高，Tafel 曲线可以被划分为三个区域，分别是极化区（过电位 $|V|<120\,\mathrm{mV}$），塔菲尔区（$120\,\mathrm{mV}<|V|<400\,\mathrm{mV}$）和扩散区（$|V|>400\,\mathrm{mV}$）。在低电位的极化区，相

比于交换电流密度 J_0，极化电流密度 J 低很多。极化电流与过电位呈线性相关。在 Tafel 区，极化电流 J 远大于交换电流 J_0，其与过电位间的联系可用经验性公式：$V = a + b\lg J$ 表达。在扩散区，近似水平的线型主要由电解液中可逆电对的扩散导致。将 Tafel 区域中的阴极分支或阳极分支外延，与零电位点处垂直的直线相交，其交点即为 $\lg J_0$。J_0 值越大，电催化剂的还原能力越强[119,120]。通过公式 $J_0 = RT/(nFR_{ct\text{-}Tafel})$，可以求出平衡电位附近电子在对电极电催化膜/电解液界面的传输阻抗。较大的平衡电流密度，意味着较小的 $R_{ct\text{-}Tafel}$，而较小的 $R_{ct\text{-}Tafel}$ 表明电极良好的电催化能力，这与来自电化学阻抗分析的结果一致。另外 Tafel 极化曲线阴极分支与 Y 轴的交叉点可以看作是 $\log J_{\lim}$，公式 $D_n = \log J_{\lim}/2nFC$，反映了极限扩散电流 $J_{\lim}$ 与扩散系数之间的关系。在相同情况下，较大的 $J_{\lim}$ 意味着 I_3^- 离子的扩散系数 D_n 值大，对应的 I_3^- 扩散速度快，而较快的扩散系数无疑有利于电催化反应的进行。

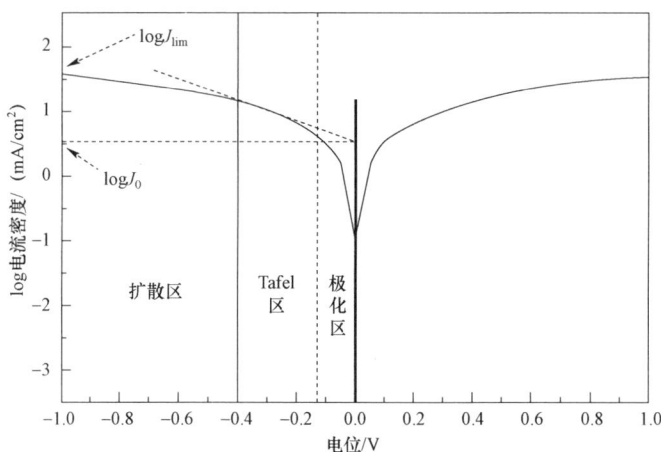

图 1-18 典型的 Tafel 极化曲线

1.4 本书的内容

太阳能电池作为高效清洁可持续的动力来源，经过长期的研究积累，已经在目前人类活动中占据一定的地位。并且随着现代社会对能源需求的迅猛增加以及由于使用化石资源所带来的日益增大的环保压力，近乎无污染的太阳能电池获得的关注度逐步提高。在可预见的未来，伴随着科学技术的整体进步，太阳能光伏发电势必将发挥更加重要的作用。染敏太阳能电池作为非晶硅光伏器件，在近 30 年的科研人员的不懈努力下，目前有报道的转化效率已经达到 13%。染敏太阳能电池作为一个研究平台，促进了多种学科不同领域的发展，如纳米半导体方向、电化学分析方向、光化学方向、材料科学等。这些交叉学科的共同进步，又贡献于染敏电池能量转化效率的提高以及为开发更加新型高效的太阳能电池打下坚实的基础。毫不讳言的是，染敏电池与当下狂飙突进的钙钛矿电池相比，实验室内的光电转化效率的差距仍在不断扩大。然而，染敏电池仍然有着自己的优势。相比于钙钛矿器件制备条件的苛刻、储蓄的不易、能量输出的不稳定以及相对的不环保，染敏电池由于自身独特的结构以及在长期的发展后，这些不利因素已经变得非常小。并且染敏电池的制备成本非常廉价，而这一优势非常有利于太阳能电池走向实用化商业化。对电极作为染敏电池不可或缺的组件，在电池工作机制中发挥着重要作用。开发新型高效廉价的对电极材料，对进一步降低染敏电池的制备成本以及拓展材料科学、界面电化学均具有重要的意义。本书正是出于这样的认识，开发出了一系列低成本的对电极材料，基于这些新材料的染敏电池获得了接近于传统铂基电池的光电表现，并对这些新材料电极做若干电化学分析。

第 2 章　氮硫双掺杂的功能碳复合石墨烯用作对电极材料

2.1　研究背景

　　对电极的电催化能力强烈影响着染料敏化太阳能电池的光电表现。为获得高效的对电极电催化剂，通过使用原位硫掺杂甲壳素的方法，获得了氮硫双掺杂的碳材料（SCCh）。该碳材料具有较为丰富的催化活性位点。在引入石墨烯复合后，材料整体的电催化能力得到了进一步的提高。基于优化的 rGO-SCCh-3 的染料敏化太阳能电池的能量转化效率达到了 6.36%，类似于在相同情况下使用铂电极 6.30% 能量转化效率。这一光电表现说明该复合物电极对电解液中的 I_3^- 离子拥有较为出色的催化性能。另多种电化学分析结果展示出该复合物电极的电荷转移阻抗小，催化还原电流大，这些都是造成良好电催化表现的重要因素。此外，这种复合物电极在实际应用中也展现出了可靠的稳定性。考虑到这种材料的低成本与相对可观的光电表现，它有可能会成为一种广泛应用于染敏电池对电极的廉价高效电催化剂。

　　尽管碳材料已经在染敏电池对电极领域得到了广泛的应用，然而受制于碳材料本身有限的催化活性位点，基于碳材料电极的染敏电池的能量转化效率与铂基电池仍然有一定差距。目前，针对碳材料的改性方法种类繁多，常见的方法是使用各种杂原子对碳材料进行掺杂，从而增加其本征的催化活性位点[121-124]。近年来的一些报道指出，氮掺杂的碳材料展示出了媲美于贵金属铂的催化能力，这种催化活性的改善可能是由于碳（$\chi = 2.55$）和氮

（$\chi = 3.04$）两种原子间不同的电负性导致[125-128]。另外，使用两种杂原子对碳材料进行掺杂也是一种有效提高材料本征催化能力的方法。由于两种杂原子之间的协同作用，改性的碳材料可能拥有较短的共价键结构，从而获得更多的催化活性位点。一些典型的双掺杂碳材料，如氮硫共掺杂、氮磷共掺杂，已经在染敏电池对电极上获得了良好的表现[129-132]。

生物质由于成本低、可再生等特点，被大量用作碳源。在各类生物质中，甲壳素在自然界中的分布相当广泛[133-136]。基于甲壳素制备的碳材料，由于具有较高的含氮量，在锂电池、钠电池等储能器件领域展示出良好的应用前景[137-139]。在本章中，先使用简单的高温原位硫掺杂甲壳素，随后进行水热复合石墨烯，这样制备出来的碳质材料，既有较为丰富的催化活性位点也有良好的导电能力，将该材料用作染敏电池对电极时，取得了类似于铂电极的能量转化效率，说明这类电极拥有较为优越的电催化性能。

2.2　实验部分

2.2.1　氮硫双掺杂碳材料的制备

实验中所用的甲壳素购买自阿拉丁试剂，使用前在 120 ℃的烘箱中烘干 2 h，用来除去其中的水分。硫粉购买自国药集团，使用前未做进一步处理。氧化石墨烯通过改性的 Hummer 制备。

碳化甲壳素的制备：1 g 的甲壳素粉末被放置在管式炉，在氩气的保护下，以 5 ℃/min 升温到 800 ℃，然后在此温度下，保温 2 h。逐渐冷却到室温后，获得目标产物，被命名为 CCh。

双掺杂功能碳材料的制备：1 g 的甲壳素粉末与不同质量的硫粉，在球磨罐中研磨 30 min 后，获得均匀的混合物。同 CCh 的制备过程一样，将混合物放在管式炉中，在氩气的保护下，以 5 ℃/min 升温到 800 ℃，然后在此温度下，保温 2 h。逐渐冷却到室温后，获得目标产物。当加入 5 g 硫粉时，产物被命名为 SCCh-1；当加入 10 g 硫粉时，产物被命名为 SCCh-2。

功能碳材料/石墨烯复合物的制备：不同质量的功能碳材料 SCCh-1 被倒入 60 mL 的 1 g/mL 氧化石墨烯的水溶液，超声分散 30 min 后，然后搅拌 1 h。获得的均匀混合溶液倒入 100 mL 的水热反应釜中，180 ℃下保温 10 h。逐渐冷却到室温后，收集沉淀，用大量的去离子水清洗。然后使用冻干机将产物冻干 12 h，再放于 60 ℃的真空干燥箱中干燥 4 h 后，获得产物。加入的功能碳材料的质量分别为 20 mg、40 mg、60 mg、80 mg，对应的产物分别被命名为 rGO-SCCh-1、rGO-SCCh-2、rGO-SCCh-3、rGO-SCCh-4。整个制备流程如图 2-1 所示。

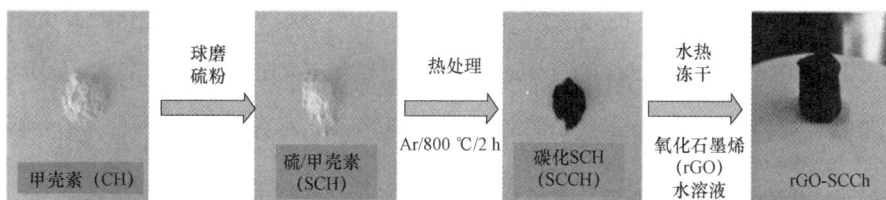

图 2-1　氮硫双掺碳质材料的制备流程示意图

作为对比，一系列未掺杂的碳化甲壳素/石墨烯材料也被制备，分别被命名为 rGO-CCh-1、rGO-CCh-2、rGO-CCh-3、rGO-CCh-4。另外，还原石墨烯 rGO 在没有添加任何碳材料的条件下，通过水热法制得。

2.2.2　电极的制备与器件的组装

电极制备过程根据文献中常用的方法完成。30 mg 的活性物质材料（rGO、CCh、SCCh 系列，rGO-SCCh 系列，rGO-CCh 系列）和 1 mL 的黏结剂倒入研钵中，研磨 30 min 后形成均匀的黏稠浆料。其中的黏结剂是由乙基纤维素，松油醇，乙醇按照 1∶8∶9 的质量比混合而成。通过使用刮涂法，将获得的黏稠浆料刮涂在 FTO 导电玻璃的导电面上。然后将导电玻璃放置于管式炉中，在氩气的保护下，450 ℃保温热处理 30 min，冷却到室温后，即制得目标电极。作为参比的铂电极，通过磁控溅射制得。

染料敏化太阳能电池的组装同样采用文献中常使用的方法[140,141]。TiO_2 浆料被刮涂在 FTO 的导电面上，膜的面积控制为 0.25 cm^2，然后将半导体薄膜放在马弗炉中，以 500 ℃ 退火 30 min。待冷却到室温后，将其放置于 0.5 mmol/L 的 N719 的乙醇溶液中，密封溶液，然后 60 ℃ 保温 12 h。敏化完成后，用大量的无水乙醇冲洗，遂制得用于染敏电池的光阳极。染敏电池的组装采用三明治结构。使用 30 μm 厚的 Surlyn 膜隔离光阳极和对电极，通过热压完成电极的密封连接。电解液通过真空回填的方法从对电极背面的小孔中注入两个电极形成的夹层空间内，对电极背面的小孔经 Surlyn 膜与盖玻片进行密封，完成染敏电池的组装。对称模拟电池的组装采用与全电池制备完全相同的方法，控制电催化膜的有效面积 1 cm^2。碘系电解液由 0.05 mmol/L 的 LiI，0.03 mmol/L 的 I_2，0.5 mmol/L 的叔丁基吡啶，0.6 mmol/L 的 1-丁基-3-甲基碘化咪唑鎓，0.1 mmol/L 的硫氰酸胍溶解在无水乙腈中构成。

2.2.3　表征与测试

X 射线粉末衍射（XRD）被用来研究碳材料的晶型结构（D8，Cu Kα，Bruker，Germany）。通过使用氮气吸脱附来获得碳材料的比表面积和孔分布（TriStar II 3020）。材料的拉曼谱通过使用激发波长为 514.5 nm 的共焦拉曼获得（RM-1000，Renishaw，UK）。使用场发射扫描电镜（FE-SEM，Zeiss Ultra Plus，Germany）和高分辨透射电镜（TEM，JEOL-JEM-2012）来观察碳材料的表面形貌。材料的顺磁共振谱（ESR）使用 JEOL JES-FA200 ESR 谱仪在室温条件下测得。通过使用 X 射线能谱（XPS，Thermo Fisher Scientific，UK）对材料表面的元素进行定性和定量分析。

所有的由不同电极组成的染敏太阳能电池的光电表现测试都是在输出功率为 100 mW·cm^{-2} 的太阳光模拟器下完成（Solar IV，Zolix，China）。染敏太阳能电池的入射单色光子-电子转化效率（IPCE）在波长为 300～800 nm 单色光模拟器下测得（Enli Technology Co.Ltd.China）。对电极的循环伏安测试（CV）通过三电极体系实施，制备好的对电极作为工作电极，铂电极作为对电极，银线作为参比电极。支撑电解液由 0.1 mmol/L 的 $LiClO_4$，10 mmol/L 的 LiI，1 mmol/L 的 I_2 的无水乙腈溶液组成。电化学阻抗（EIS）被实施在由两块完全相同的对电极组成的模拟对称电池上，测试的频率范围为 0.01 Hz 到 10^5 Hz，扫描的速度为 10 mV/s。测得的电化学阻抗谱通过使用 Z-View 软件进行拟合。塔菲尔极化测量（Tafel）同样也实施在模拟对称电池上，扫描速度亦为 10 mV/s。所有的电化学测试包括 CV、EIS、Tafel 都是在电化学工作站上完成（CHI 660C，Chenhua，China）。

2.3　结果与讨论

2.3.1　氮硫双掺杂碳材料的表征

一系列制备的碳材料的 XRD 特征峰展示在图 2-2a。所有的碳材料在 25° 表现出一个尖锐的特征峰，它应该归属于石墨的（002）晶面。另外在 43° 处出现一个较为宽化的特征峰，该峰来自石墨的（100）晶面。这些特征峰的出现，表明经过热处理的甲壳素已经完成炭化以及经过水热反应后的氧化石墨烯被还原为石墨烯[142,143]。相比于炭化甲壳素 CCh，掺硫之后的功能碳材料 SCCh-1 并没有表现出明显的其他杂峰，说明高温原位硫掺杂的过程并不会改变甲壳素基碳材料的主要结构。同样的，将功能碳材料与石墨烯复合后，在复合物的 XRD 中，亦没有出现新物质的特征峰。图 2-2b 展示了碳化甲壳素 CCh 以及双掺杂的功能碳 SCCh-1 的氮气吸脱附曲线图。SCCh-1 与 CCh 的 BET 比表面积分别是 359.7 $m^2 \cdot g^{-1}$ 和 365.6 $m^2 \cdot g^{-1}$。此外，两种材料也拥有相似的孔径分布，说明掺杂 S 元素后，甲壳素基碳材料的孔结构几乎没被改变。制备的碳材料的电子结构也通过拉曼分析来进行研究。图 2-2c 为 CCh 以及 SCCh-1 两种碳材料的拉曼图，从图中可以看到，在 1 360^{-1} 与 1 590^{-1} 处出现了分别归属于 D 带和 G 带的特征峰。一般而言，D 带峰的出现来源于石墨碳原子 sp^2 杂化的相对移动，而 G 带来源于环上 sp^2 原子的伸缩振动。这两个特征峰的强度比（I_D/I_G）通常用来评价碳质材料的缺陷与混乱程度[144,145]。较大的 I_D/I_G 值意味着碳材料结构有更多的缺陷，而这有益于电催化反应的进行。对于 CCh 和 SCCh-1 来说，I_D/I_G 值分别为 0.83 和 0.91。表明初始的甲壳素材料经过 S 元素掺杂后，创造出了更多的催化活性位点。为进一步确认材料电子结构的改变，使用电子顺磁共振 ESR 来研究 CCh 和 SCCh-1 变化情况。从图 2-3 可以明显看出，改性后的 SCCh-1 相对于 CCh 展示出了较强的离域电子信号，再次证实了拉曼分析中关于掺杂改变材料电子结构的结果。另外，碳材料 CCh 以及 SCCh-1 的化学组分也通过 XPS 做了详细分析，相关的结果被展示在图 2-2d。从图中可以明显看出，SCCh-1 材料在 163.6 eV 和 228.4 eV 出现了非常明显的 S 元素的信号，证明了 S 元素已经成功地掺杂进了碳材料

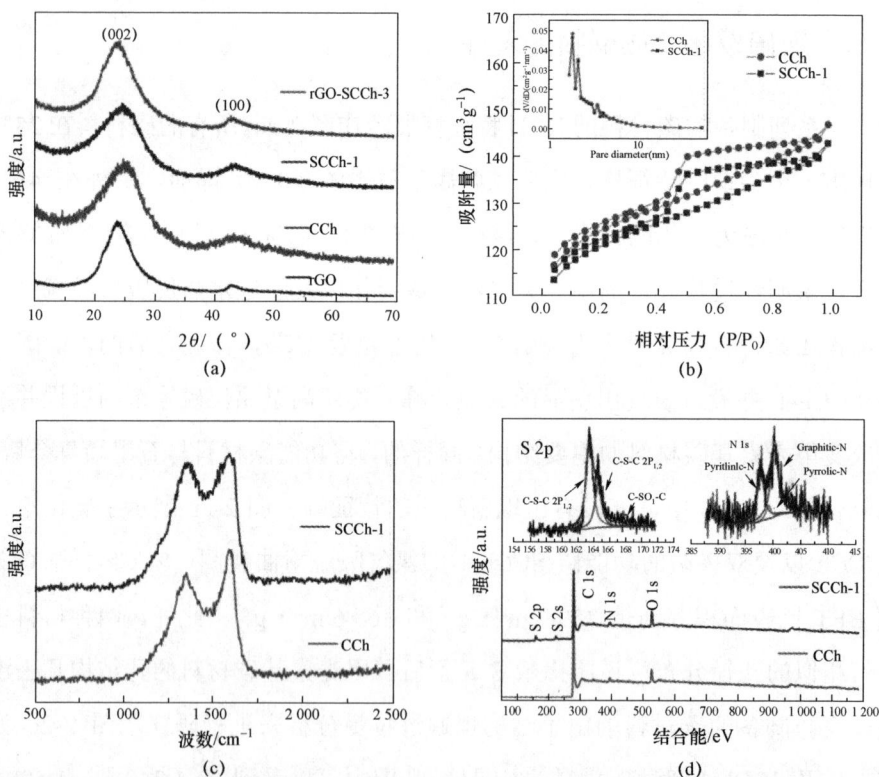

图 2-2　（a）碳材料的 XRD 图；（b）CCh 和 SCCh-1 的氮气吸脱附图；
（c）CCh 和 SCCh-1 的拉曼图；（d）CCh 和 SCCh-1 的 XPS 图以及相关的高分辨图

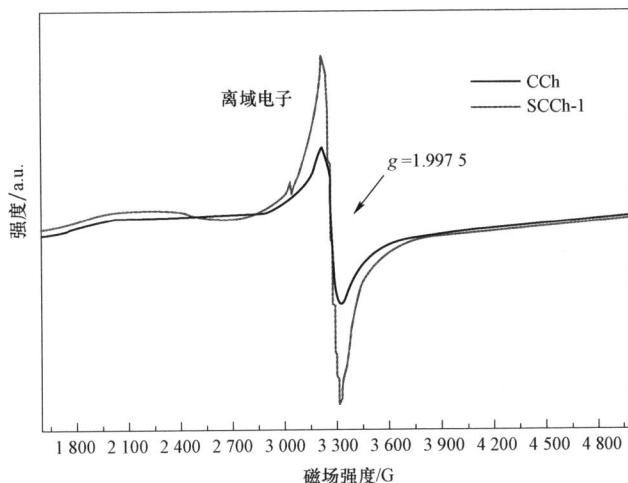

图 2-3　CCh 以及 SCCh-1 的 ESR 谱图

结构中。在 CCh 中氮元素的原子含量大约为 4.93atom%，在 SCCh-1 中氮元素和硫元素的含量分别为 4.91atom% 和 2.63atom%。在图 2-2d 的插图中，展示了 N_{1S} 和 S_{2p} 的高分辨的分峰图。N_{1S} 峰可以被分峰为三个独立的单峰，分别是 398.1 eV 处的吡啶氮峰，400.5 eV 处的石墨氮峰以及 399.4 eV 处的吡咯氮峰。而 S_{2p} 峰同样的也可以分峰为三个峰，163.6 eV 处的峰以及 164.86 eV 处的峰可以被归属为 C-S-C 键，167.5 eV 处的弱峰可以被归属为 SO_x 基团[146,147]。

图 2-4 和图 2-5 展示了功能碳材料 SCCh-1 以及复合碳材料的 rGO-SCCh-3 的 FE-SEM 图以及 TEM 图。从 FE-SEM 图中可以看到，双掺杂的功能碳材料 SCCh-1 呈现出了不规则的薄片状或块状并且拥有一定的多孔结构。当 SCCh-1 与石墨烯复合后，SCCh-1 被石墨烯紧密地包围。得益于石墨烯优良的导电性能，复合物材料的整体导电能力也得到了加强，这样便于电子从外环路传输到对电极的各处，进而赋予了复合物材料较高的整体电催化性能。通过上面的多种材料分析手段，可以得知 rGO-SCCh-3 复合物材料应该具有一定的催化活性，将其用作染敏电池对电极时，应该会有较为良好的光电表现。

41

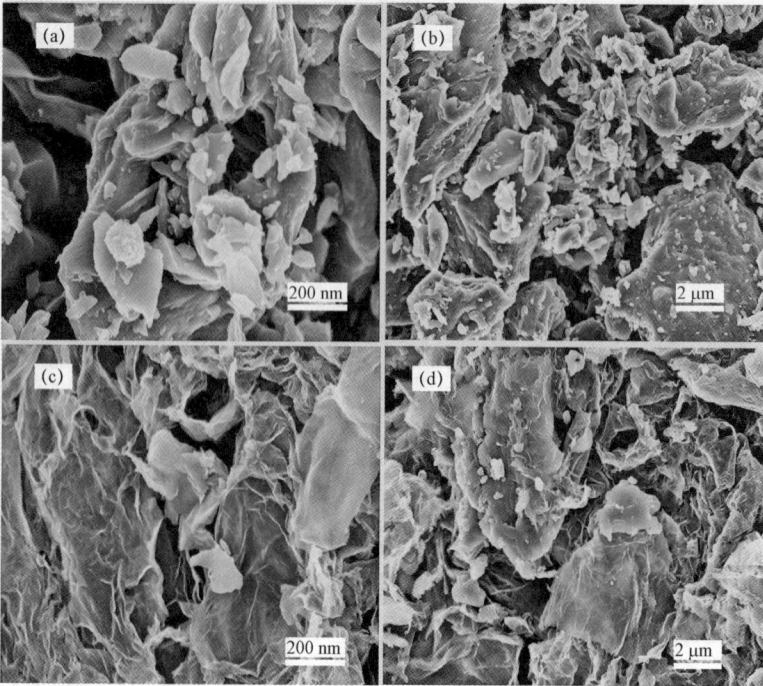

图 2-4   不同分辨率下的 SCCh-1（a，b）和
rGO-SCCh-1（c，d）的 FE-SEM 图

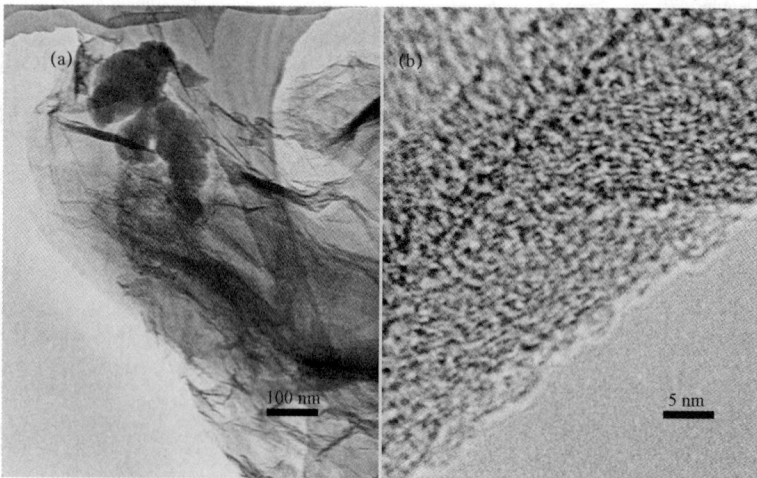

图 2-5   rGO-SCCh-1（a）和 SCCh-1（b）的 TEM 图

2.3.2　基于氮硫双掺杂碳材料对电极的染料敏化电池表现

各个对电极的实际电催化能力通过比较不同染敏太阳能电池的光伏效果来进行评价。图 2-6 展示了基于多种不同对电极的染敏太阳能电池的 J-V 曲线图，相关的电化学参数，如短路电流密度（J_{sc}），开路电压（V_{oc}），填充因子（FF）以及能量转化效率（PCE）被总结在表 2-1 和表 2-2。基于 CCh 电极的染敏电池获得了整体上还算良好的光电表现，短路电流密度 11.25 mA·cm^{-2}，开路电压 0.7 V，填充因子 0.55，能量转化效率 4.19%。硫掺杂之后的 SCCh-1 电极取得了 4.81%的 PCE 值，相对于 CCh 电极来说，效率有了一定的提升。为完整地考察不同掺硫用量下制备的改性材料的电催化表现，基于 SCCh-2 材料的电极也被制成染敏电池来进行测量。然而 SCCh-2 并没有展现出进一步提高的 PCE，反面说明在制备 SCCh-1 时的掺硫量是比较适宜的。图 2-6b 中展示了基于多种 rGO-CCh 电极以及多种 rGO-SCCh 电极的染敏电池的 J-V 曲线。从图中可以明显看出，在复合石墨烯后，所有的 rGO-CCh 电极均展示出好于单独的 CCh 电极的光伏表现，最好的 rGO-CCh-3 电极获得了 5.95%的 PCE 值。在电池的其他制备条件都相同的情况下，PCE 之所以提高，应该是对电极的电催化能力增强的原因。而这种增强主要来自引入石墨烯后，复合物材料的整体导电能力加强进而促进了电催化表现[148,149]。对于 rGO-SCCh 系列电极，呈现出了与 rGO-CCh 系列电极类似的趋势，最高的能量转化效率 6.36%出现在 rGO-SCCh-3 电极。从表 2-1 的电化学参数可以总结出这样的规律，当复合石墨烯后，不论是 rGO-CCh 系列电极还是 rGO-SCCh 系列电极，他们的填充因子和短路电流密度都有显著提升。就目前所知，填充因子主要与电池的导电情况相关，被改善的填充因子说明了对电极的导电能力得到了加强，而短路电流密度通常也与对电极的电催化能力有一定的相关性，所以 J_{sc} 的提高也意味着对电极的整体催化能力有了改善。为进一步比较制备出的复合碳质电极的光电表现，来自铂基染敏电池以及单独的 rGO 基染敏电池的 *J-V* 曲线被展现在图 2-6d。由于比较弱的电催化活性，单独的 rGO 基染敏电池仅仅获得了 3.30% 的能量转化效率。相比之下，基于 rGO-SCCh-3 的染敏电池给出了令人满意的光伏数据，短路电流密度 12.30 mA·cm^{-2}，开路电压 0.74 V，填充因子 0.69，能量转化效率 6.36%。这些光伏参数，可以媲美于使用铂电极的染敏电池的表现，说明了本实验中制备的这种廉价碳质电极具有很大的可以替代昂贵的铂金属电极的潜力。除了上面的光伏表现外，基于 rGO、CCh、SCCh-1、rGO-CCh-3、rGO-SCCh-3 以及 Pt 电极的染敏电池的 IPCE 测试也被实施，获得的结果被展示在图 2-7 中。从图中可以很明显看出，在 300～800 nm 的波长范围内，rGO-SCCh-3 电极展示出了与 Pt 电极相近的光电响应曲线，这一结果进一步确认了复合物电极优良的电催化性能。

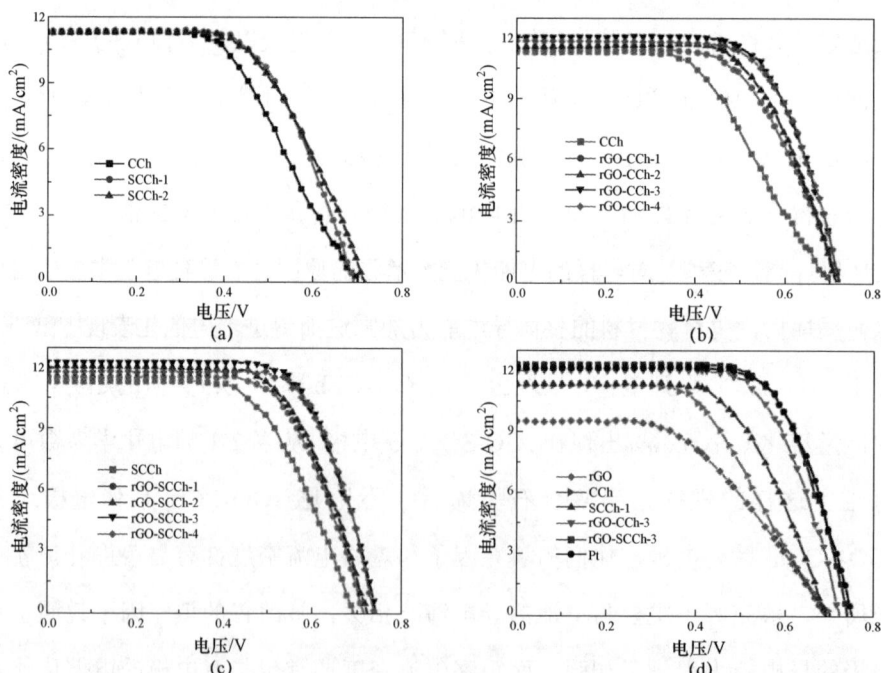

图 2-6　基于不同对电极的染敏电池的光电表现：（a）CCh 电极以及 SCCh 电极系列；（b）rGO-CCh 电极系列；（c）rGO-SCCh 电极系列；（d）rGO 电极，Pt 电极，CCh 电极，优化的 SCCh-1、rGO-CCh-3 以及 rGO-SCCh-3 电极

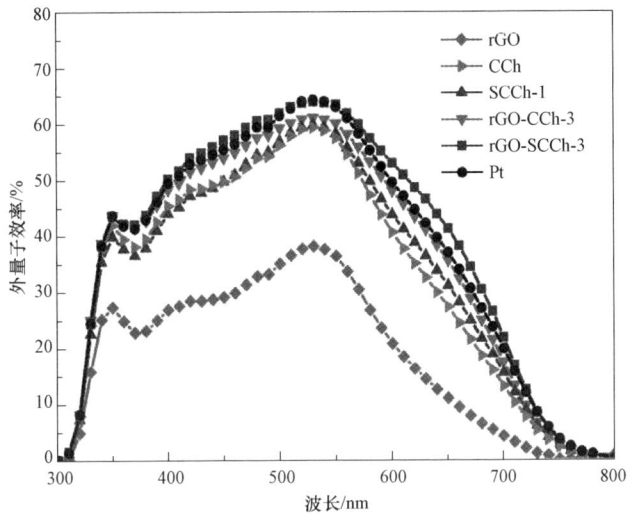

图 2-7　基于不同对电极的染敏电池的 IPCE 图

表 2-1　基于所有种类对电极的染敏电池的光伏参数

对电极种类	$J_{sc}/$（mA·cm^{-2}）	$V_{oc}/$V	FF	$PCE/$%
CCh	11.25	0.70	0.53	4.19
SCCh-1	11.33	0.69	0.61	4.81
SCCh-2	11.29	0.71	0.59	4.79
rGO-CCh-1	11.31	0.72	0.63	5.12
rGO-CCh-2	11.51	0.71	0.65	5.40
rGO-CCh-3	11.99	0.72	0.68	5.95
rGO-CCh-4	11.83	0.72	0.68	5.83
rGO-SCCh-1	11.55	0.72	0.67	5.55
rGO-SCCh-2	12.10	0.72	0.67	5.85
rGO-SCCh-3	12.30	0.74	0.69	6.36
rGO-SCCh-4	11.81	0.74	0.71	6.21

2.3.3　氮硫双掺杂对电极的电化学评价

为加深对电荷在电极/电解液界面转移情况的理解，六种不同种类的对电极被组装成对称的模拟电池，并进行电化学阻抗分析。获得的电化学阻抗奈奎斯特图被呈现在图 2-8 中，插图中展示的是模拟对称电池对应的等效电路，获得的相关电化学参数被罗列在表 2-2。通常来说，对于模拟的对称电池，奈奎斯特图由两个圆弧构成。高频区的圆弧代表的是电荷在对电极/电解液界面的转移阻抗（R_{ct}），它反映了对电极对 I_3^- 的还原能力。低频区的圆弧反映的是电解液的扩散阻抗（W）。高频区半圆的第一个截距一般被认为是对电极的串联电阻（R_s），串联电阻主要来自电催化层自身的电阻以及催化层与 FTO 玻璃的接触电阻[150]。五种碳质材料的 R_s 值在 15.33～18.82 $\Omega \cdot cm^2$ 的范围内变化，非常接近于铂溅射电极 17.73 $\Omega \cdot cm^2$ 的 R_s 值，说明各类碳质电极材料很好地黏附在 FTO 导电玻璃上。rGO 电极获得了一个相当大的 R_{ct} 值，这说明该电极的催化活性较为迟钝。CCh 电极的 R_{ct} 值为 12.67 $\Omega \cdot cm^2$，SCCh 电极的 R_{ct} 值为 8.16 $\Omega \cdot cm^2$。这些数值说明掺硫后的碳化甲壳素的电催化活性被加强。相对于单独的 CCh 电极或 SCCh 电极，经复合石墨烯后的 rGO-CCh-3 电极以及 rGO-SCCh-3 电极均展示出明显变小的 R_{ct} 值。与此同时，为了更加直观的展示 R_{ct} 值变化的情况，全部的 rGO-SCCh 系列电极的奈奎斯特图被展示在图 2-9。复合物电极的 R_{ct} 值之所以减小，归根到底还是由于石墨烯改善了整体的电子导电率。值得注意的是，来自 rGO-SCCh-3 电极的 R_{ct} 值为 1.51 $\Omega \cdot cm^2$，这一数值甚至略小于来自铂电极的 1.88 $\Omega \cdot cm^2$，再次有力证明了复合物电极优越的电催化性能。除去奈奎斯特图，波特图是电化学阻抗谱的另一个重要组成部分，它可以提供更多的关于 I_3^- 还原反应速率的信息。图 2-10 展示了来自不同对电极的波特曲线。电子寿命（τ）可以通过公式 $\tau = 1/(2\pi f_{max})$ 求得，此处 f_{max} 为波特曲线中的高频峰值[151]。较小的电子寿命意味着较快的 I_3^- 还原反应速率。六种不同对电极的电子寿命的表现依次为 rGO-SCCh-3＜Pt＜rGO-SCCh-3＜SCCh＜CCh＜rGO。这一结果很好地呼应了各个电池的光电表现，并且再次揭示了优化的复合物电极 rGO-SCCh-3 的出众的催化能力。

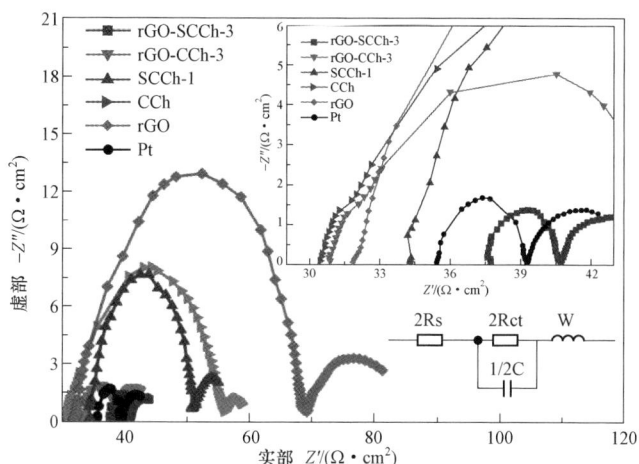

图 2-8 基于不同对电极的对称电池的奈奎斯特图，
插图为起点局部放大以及对应的等效电路

表 2-2 使用六种不同对电极的染敏电池的光伏参数

对电极种类	J_{sc}/（mA·cm^{-2}）	V_{oc}/V	FF	PCE/%
rGO	9.47	0.69	0.50	3.30
CCh	11.25	0.70	0.53	4.19
SCCh-1	11.33	0.69	0.61	4.81
rGO-CCh-3	11.99	0.72	0.68	5.95
rGO-SCCh-3	12.30	0.74	0.69	6.36
Pt	12.14	0.75	0.69	6.30

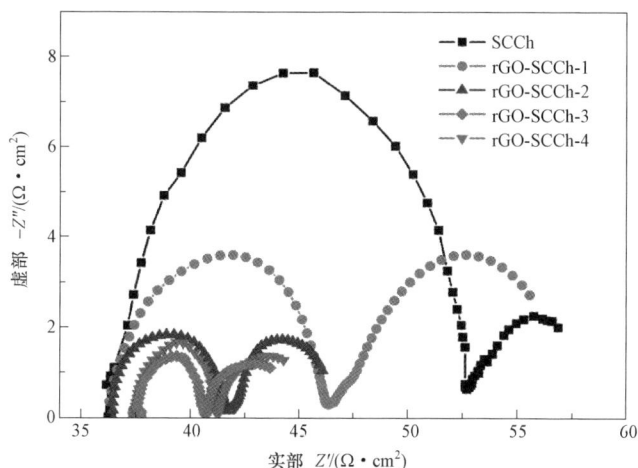

图 2-9 基于 rGO-SCCh 系列对电极的对称电池的奈奎斯特图

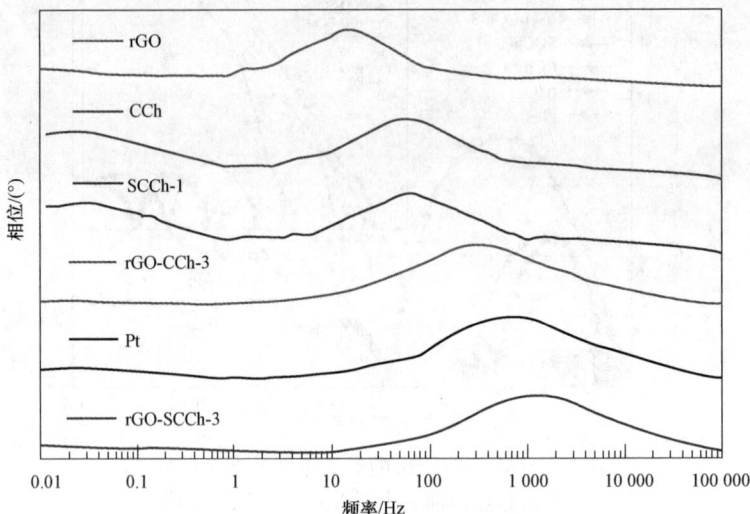

图 2-10 基于不同对电极的对称电池的 Bode 曲线

三电极的循环伏安法（CV）可以用来直观的检测对电极材料的电催化能力。图 2-11a 为不同种类对电极的 CV 曲线。对电极除了用来收集外环路的电子外，主要的作用就是进行 I_3^- 的还原（ $I_3^- + 2e^- = 3I^-$ ）。在 CV 曲线中，阴极支的还原峰电流密度的大小常被用来比较电极还原能力的强弱。还原电流越大，催化能力越强[152]。对于铂电极而言，其 CV 曲线上通常有两对氧化还原峰。相比之下，所有的碳质电极并没有呈现出标准的类 Pt 峰型，然而，各类碳质电极间仍然存在着明显不同的还原峰电流。由于较差的电还原能力，rGO 电极的 CV 曲线表现出非常弱的还原电流。经改性的双掺杂的功能碳材料 SCCh-1 的还原电流比单独的 CCh 电极有一定的提高。在此基础上，经复合石墨烯后，优化的 rGO-SCCh-3 电极体现出最大的还原电流，该电流强度几乎等同于来自铂电极的还原电流。此外，还原峰和氧化峰之间的峰峰距（E_{pp}）负相关于电催化性能，E_{pp} 越小说明电极表面更容易发生还原反应。优化的 rGO-SCCh-3 电极的 E_{pp} 为 0.65 V，Pt 电极的 E_{pp} 为 0.85 V。结合还原峰电流与峰峰距的比较，完整地展示出了复合碳质材料卓越的电催化性能。为进一步研究对电极表面电催化的相关过程，图 2-11b 展示了 rGO-SCCh-3 电极

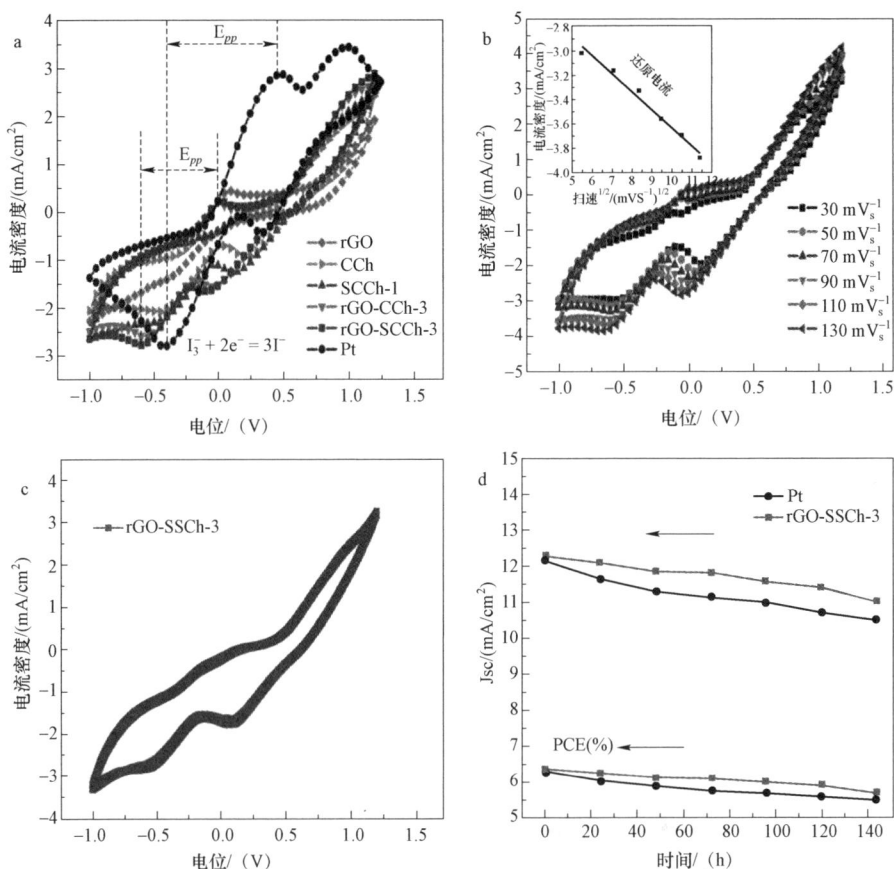

图 2-11 （a）不同对电极的 CV 曲线；（b）不同扫描速率下 rGO-SCCh-3 电极的 CV 曲线；（c）50 次连续的 CV 曲线；（d）基于 rGO-SCCh-3 与 Pt 电极的染敏电池的稳定性

在扫描速率分别为 30 mV^{-1}、50 mV^{-1}、70 mV^{-1}、90 mV^{-1}、110 mV^{-1}、130 mV^{-1} 时的 CV 曲线。从图中可以看出，随着电扫描速度的加快，还原峰电流呈现出外延的趋势。拟合的还原峰电流强度与扫描速度呈现出一个线性关系。这说明发生在复合物电极表面的催化还原反应是由液体电解质中的离子扩散控制的，而不是由离子在复合物表面的吸脱附过程控制的[153,154]。对于一个优良的对电极来说，除了应该具有良好的电催化性能外，还应该具有良好的电化学稳定性。连续的 CV 循环测试是一种检测对电极电化学稳定的有力方法[155]。图 2-11c 展示了复合物电极 rGO-SCCh-3 在扫描速度为 50 mV^{-1} 的条件下连续进行 50 次循环后的 CV 曲线。从图中可以看出，虽然经过了多次连续的循环，碳质复合物电极的 CV 曲线线型未发生明显的改变，并且还原峰电流亦没有发生移动，这些特征说明 rGO-SCCh-3 可以稳定地在碘基电解液中工作。为更加真实地检测复合物电极的实际工况，一个基于 rGO-SCCh-3 复合物电极的完整染敏太阳能电池，被不加任何保护地放置在日常环境中一周。与此同时，对一个完整的铂基染敏电池也做相同的处理。然后逐日测量这两个电池的光电表现。图 2-11d 展示了一周内两个电池的主要光伏参数：短路电流密度和能量转化效率。从图中可以看出，复合物电极展现出与铂电极类似的工作状态，生动地说明了复合物电极良好的稳定性和耐用性。

为更好地辨别不同对电极之间的电催化能力，塔菲尔极化分析（Tafel）也被实施在基于不同对电极组成的对称电池上。图 2-12 展示了来自 rGO、CCh、SCCh、rGO-CCh-3、rGO-SCCh-3、Pt 六种不同对电极的 Tafel 曲线。在 Tafel 交换区域，阴极支或阳极支的斜率越大意味着一个较大的交换电流密度 J_0，而较大的交换电流密度 J_0 说明该对电极的具有较好的催化性能[156,157]。每个对电极具体的电流交换密度的值可以通过外延 Tafel 区的（120 mV<$|\eta|$<400 mV）阴极支或阳极支，然后与零电位处的直线相交，交点处即为 lgJ_0。不同对电极产生的 J_0 值被总结在表 2-3。正如所期望的那样，优化的复合物碳质电极 rGO-SCCh-3 获得了最大的交换电流 3.08 mA·cm^{-2}，该值略大于铂电极的电流交换密度 2.76 mA·cm^{-2}，又一次证明制备的复合物电极拥有和铂电极相近的催化活性。此外，Tafel 区域内的电荷转移阻抗（$R_{ct\text{-Tafel}}$）可以由 J_0 通过等式 $J_0 = RT/nFR_{ct\text{-Tafel}}$ 获得，这里的 R 是指气相常数，T 是指开尔文温度，n 是指在还原反应中转移的电子数，F 是指法拉第常数。明显地，J_0 与 $R_{ct\text{-Tafel}}$ 呈反比例关系，拥有最大 J_0 值意味着拥有最小的电荷转移阻抗，这一结果与电化学阻抗中的分析完全一致。

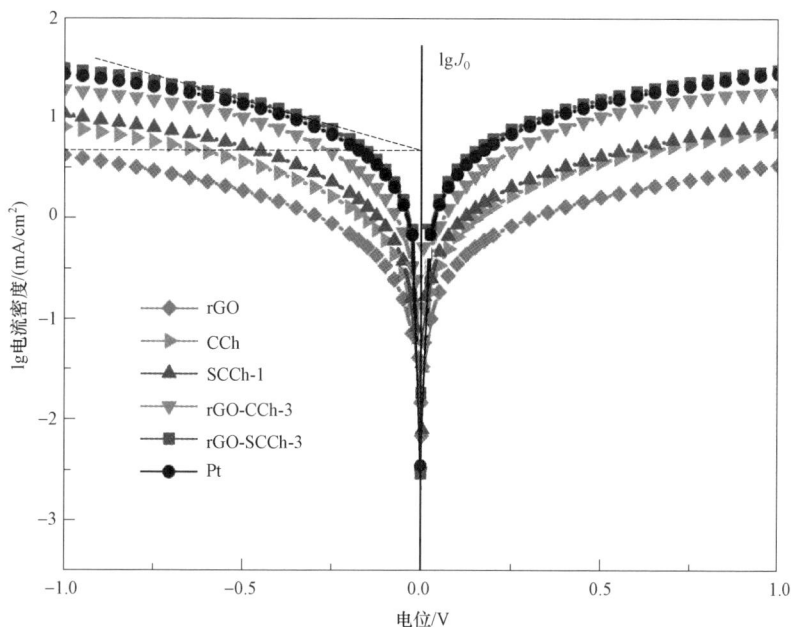

图 2-12　不同对电极组成的对称电池的 Tafel 曲线

表 2-3　来自电化学阻抗以及塔菲尔极化曲线的电化学参数

对电极种类	R_s/（Ω·cm²）	R_{ct}/（Ω·cm²）	J_0/（mA·cm⁻²）	τ/ms
rGO	16.08	18.35	0.26	7.49
CCh	15.33	12.67	0.51	3.23
SCCh-1	17.21	8.16	0.72	2.87
rGO-CCh-3	16.74	2.73	1.23	0.43
rGO-SCCh-3	18.82	1.51	3.08	0.16
Pt	17.73	1.88	2.76	0.19

2.4　本章小结

在本章中，采用自然界中廉价的甲壳素作为基础碳源，然后利用简单的高温原位硫掺杂的办法，制备出了氮硫双掺杂的功能碳材料。再进一步引入石墨烯后，经优化的复合物碳质电极 rGO-SCCh-3 获得了 6.36% 的能量转化效率，这一效率不仅超过了单独的功能碳材料电极 4.81% 的能量转化效率以及单独的 rGO 电极 3.30%的 *PCE*，而且与铂电极的 6.30%能量转化效率近乎持平。这些结果说明了制备的碳质复合物电极对 I_3^- 拥有杰出的电催化性能。功能碳材料丰富的催化活性位点以及石墨烯良好的电子导电率赋予了复合物碳质电极良好的电催化能力。更为重要的是，这种复合物电极在实际使用中，展现出非常好的电化学稳定性。由于兼有成本优势与催化能力优势，这类以甲壳素为基制备的非铂电极有利于染敏太阳能电池的大规模推广应用。

第3章 腐殖酸衍生的镍碳复合物作为对电极材料

3.1 研究背景

在各种无铂功能材料中，碳材料因其成本低、导电性高、化学性质和热稳定性好等独特优点，是最有前途的催化剂。然而，现有的碳基对电极仍不令人满意，其电催化活性相对较差，需要进一步的材料设计和创新来提高碳质材料的内在电催化活性。一些文献已采用几种方法来有效改进碳材料对碘/三氧化物的氧化还原性能[158,159]。其中的方法之一是将过渡金属引入碳基材料中，从而可以产生丰富的催化位点，以实现高性能的 DSSC。Li 等通过热解钴（Ⅱ）咪唑酸聚合物并进行离子交换合成了两种金属复合碳材料，有效地催化了三碘化物还原反应[160]。Wu 等通过金属-有机框架材料的热解制备了嵌入钴纳米颗粒的碳材料，显示出优越的电催化性能[161]。Tsai 等提出的氧化石墨烯/大环钴复合物纳米复合材料，其相应的电池取得了良好的 *PCE* 值[162]。上述报告表明，碳基材料与过渡金属复合确实是一种提高催化能力的可靠策略。

许多生物质材料由于其环保、可重复的特性，可以作为碳基材料的来源。腐殖酸（HA）作为天然材料，储备丰富，具有羧基、酚类、羟基等多种有用的官能团，对金属离子的吸附具有显著影响[163,164]。目前，在几种新型能量器件中均采用了 HA 衍生的碳质材料作为电极材料，并表现出了令人满意的性能[165,166]。

在本章中，通过 HA-Ni 复合物的简单热高温分解制备了 Ni 掺入的碳材料。加入 Ni 物种的碳质材料可以通过增加活性位点和加速氧化还原电解质的转运来提高 CE 的电催化能力。因此，所制备的碳材料具有较高的电催化活性和优异的电化学稳定性。使用改性碳材料的 DSSC 取得的 *PCE* 为 7.01%，接近于昂贵的 Pt 电极的数据（7.1%）。

3.2　实验部分

3.2.1　镍碳复合碳材料的制备

天然腐殖酸碳源由天津光复化工有限公司提供，使用前未进一步纯化。采用两步法制备了掺镍碳材料。首先，在 10 mmol/mL $NiCl_2$ 水溶液中加入 3 g 腐殖酸颗粒，调整混合溶液的 pH 至 6～7。然后将密封在锥形瓶中的混合物置于恒温振荡器中，在 35 ℃以 100 r/min 的速度振动 14 h。过滤沉淀物，去离子水洗涤，然后在 60 ℃的真空下干燥过夜。其次，在 900 ℃的管式炉中，在 Ar 气氛中进行了 HA-Ni 复合化合物的碳化处理。加热速率为 2 ℃/min，保温时间为 2 h。所得到的产品被命名为 CH-Ni。作为比较，按照相同方法制得的无掺杂碳材料，标记为 CH。碳基电极的总制备工艺流程如图 3-1 所示。

3.2.2　镍碳电极和 DSSC 的制备

碳基电极的制备工艺采用广泛报道的方法[167]。将制备的碳质物质（CH-Ni、CH）与乙基纤维素、松油醇和乙醇按 1∶8∶9 混合，球磨形成均质浆体。采用刀片刮涂法将糊状浆体涂覆在干净的 FTO 玻璃基质上。随后将底物置于 80 ℃的热板上放置 10 min 以去除溶剂。进一步将基板在 Ar 气氛中在 450 ℃下退火 30 min，以获得目标电极。采用磁控溅射法制备了参考铂电极。

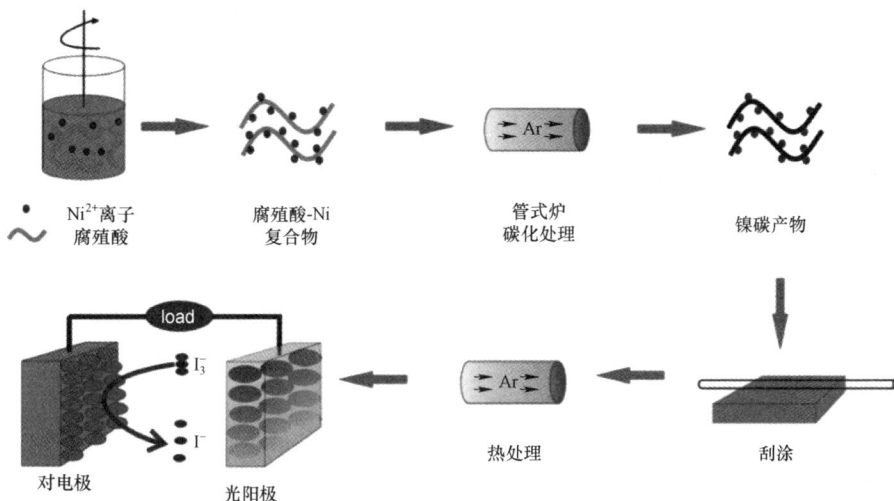

图 3-1　镍碳复合电极的制备工艺流程

DSSCs 采用典型的夹层结构组装[168,169]。将二氧化钛薄膜（活性面积 0.25 cm^2）浸入 0.5 mmol/L N719 染料的乙醇溶液中，在 60 ℃下浸泡 12 h，进行染料敏化。然后用无水乙醇洗涤敏化膜，80 ℃下干燥 2 h。将获得的光电阳极与制备的电极耦合组装，30 μm 的 Surlyn 薄膜作为间隔片组装在一起。将由 0.6 mmol/L 1-丁基-3-甲基咪唑碘化物、0.05 mmol/L 碘化锂、0.03 mmol/L I$_2$、0.5 mmol/L 4-叔丁基吡啶和 0.1 mmol/L 硫氰酸胍组成的乙腈电解液通过 CE 孔注入夹层电池的电极间隙，然后用 Surlyn 膜密封。对称的虚拟电池采用与传统 DSSC 相同的方法组装。

3.2.3　表征与测试

在单晶硅片上测量 HA 和 HA-Ni 复合物的红外光谱（IR）。用 X 射线粉末衍射分析所制备碳材料的晶相，用 X 射线光电子能谱仪（XPS，Thermo Fisher 科学公司，英国）检测产物中的化学成分。采用场发射扫描电子显微镜（SEM，蔡司 Ultra Plus，德国）和透射电子显微镜（TEM，JEOL-JEM-2012）对碳材料的形貌进行了表征。在功率为 100 mW·cm^{-2} 的太阳模拟器照射下（SolarⅣ，Zolix，Crix），测试所有 DSSCs 的光电电流-电压曲线（J-V）。在 300～800 nm 波长范围内，收集了基于不同对电极 DSSCs 的入射单色光子-电流转换效率光谱图（IPCE）。循环伏安法（CV）、电化学阻抗谱（EIS）和 Tafel 极化分析全部在 CHI660C 电化学工作站上进行。以所制备电极为工作电极，Pt 线为 CE，Ag 线为参比电极组成的三电极体系进行 CV 试验。上述体系中所使用的电解液为乙腈溶液，包括 0.1 mmol/L LiClO$_4$、10 mmol/L 碘化锂和 1 mmol/L I$_2$。采用由两个相同电极组成的对称虚拟电池进行 EIS 和 Tafel 测量。

3.3　结果和讨论

3.3.1　镍碳复合碳材料的特性分析

采用红外光谱分析研究 HA 和 HA-Ni 复合物结构，对应的结果如图 3-2a 所示。两个样品在 3 430 cm^{-1} 处的吸收带可归因于 OH 基团（羧基、苯酚、水）的伸缩振动，该吸收带较大的宽度表明了这些基团的强氢键。在 1 580 cm^{-1} 处的峰值强度应与芳香族基团的结构振动、COO 基团的不对称振动以及被吸附的水分子的变形振动有关[170-172]。在 1 365 cm^{-1} 和 1 020 cm^{-1} 处的吸收带起源于酚基的 C—O 拉伸和多糖类成分的 C—O 拉伸[173]。在图 3-2a 中，复合物 HA-Ni 归一化后的特征峰强度与纯 HA 明显不同。HA 的活性羧基和羟基官能团与金属离子 Ni^{2+}螯合，形成配合物，使得 HA-Ni 配合物的特征峰强度较 HA 有所下降[174,175]。两类碳化产物的 XRD 如图 3-2b 所示。从图 3-2b 中可以看出，两种材料均在 25° 左右有两个宽峰，石墨<002>晶面，石墨<002>晶面，这两个明显的晶面峰表明原料成功碳化[176-178]。此外，XRD 中没有检测到涉及 Ni 的特征峰，这可能是由于 Ni 物种的含量极少所致。图 3-2c 为碳化产物 CH 和 CH-Ni 的拉曼光谱。在 1 360 cm^{-1} 附近的峰值与石墨结构的 D

带重合，代表材料的无序结构和缺陷。在 1 590 cm^{-1} 处的 G 带被认为源自石墨碳原子的对称振动。将 Ni 物种引入碳化 HA 后，D 带和 G 带的峰值位置和强度保持不变。利用 XPS 对 CH 和 CH-Ni 产物中的化学元素进行鉴定。如图 3-2d 所示，CH-Ni 的 XPS 谱显示出一个明显的 Ni 特征峰，Ni 原子浓度约 1.19.%，这清楚地表明在碳化材料中存在 Ni 物种。图 3-2e 描述了 CH-Ni 中 Ni 元素 $Ni_{2p3/2}$ 高分辨 XPS，位于 856.7 eV 和 853.5 eV 的峰分别为氧化的 Ni^{2+} 和金属 Ni^0[179,180]。此外，CH-Ni 的 C_{1s} 的高分辨光谱如图 3-2f 所示，其中 C＝C/C-C 的两个吸收峰为 284.6 eV，C＝O/C-O 的两个吸收峰为 286.3 eV[181]。

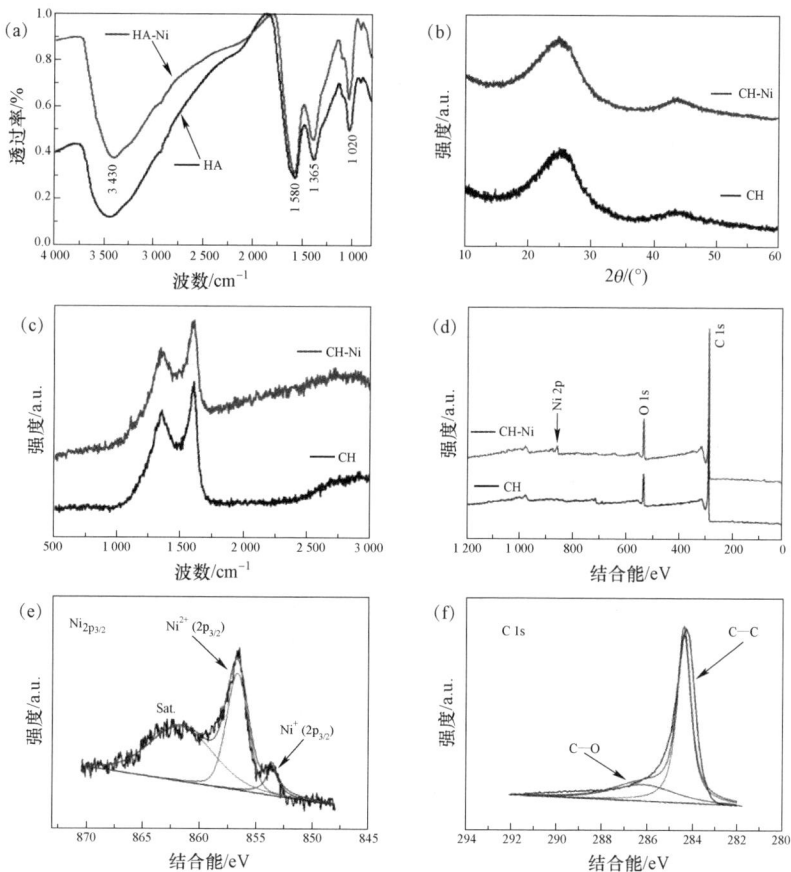

图 3-2　（a）碳材料 HA 与 HA-Ni 的归一化后的红外谱图；（b）制备的碳材料的 XRD 图；（c）碳材料 HA 与 HA-Ni 的 XPS 谱；（d）两类碳材料的拉曼谱；（e）$Ni_{2p3/2}$ 的高分辨 XPS 谱；（f）C_{1s} 的高分辨率光谱。

　　图 3-3 为碳化材料 CH 和 CH-的扫描电镜和透射电镜图像。在图 3-3a 和图 3-3b 中，制备的材料呈现出不同尺寸分布的不规则薄片或块，Ni 元素的引入没有引起明显的形态变化。CH 和 CH-Ni 材料的 TEM 结果分别如图 3-3c 和图 3-3d 所示。对于 CH-Ni，尺寸范围为 10～20 nm 的 Ni 种类的黑色纳米晶颗粒几乎均匀地固定并良好地附着在 CH 碳纳米片上，这是由 HA-Ni 复合物的热解形成的。碳基质可以促进电荷转移，因为它易于电子转移，而沉积在碳基质上的 Ni 物质丰富了氧化还原电解质的活性位点，从而可能提高电极的催化活性[182,183]。

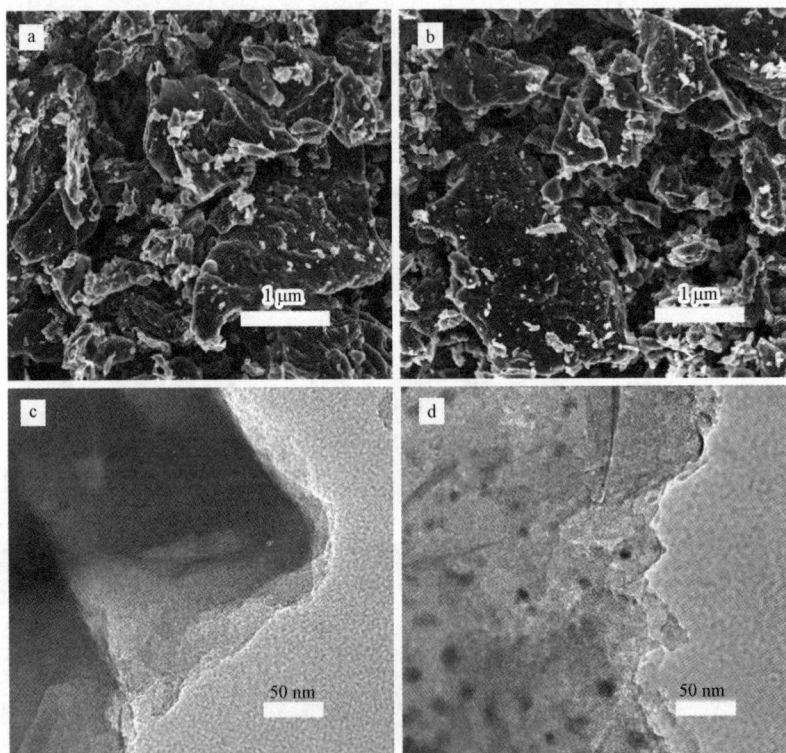

图 3-3　碳材料 HA（a）与 HA-Ni（b）的 SEM 图；
碳材料 HA（c）与 HA-Ni（d）的 TEM 图

3.3.2　镍碳复合碳材料对电极的电化学分析

　　采用两个相同电极组装的对称虚拟电池进行电化学阻抗谱（EIS）测量，

进一步研究各种电极材料的催化特性。图 3-4 是不同电极对称模拟电池的 EIS 奈奎斯特图（Nyquist），插图为等效电路。表 3-1 总结了 EIS 和 Tafel 的电化学参数。如 Nyquist 图所示，实轴上半圆的截距被指定为串联电阻（R_s），它描述了由 CE 材料和 FTO 衬底物之间的电阻产生的串联电阻（R_s）[184,185]。高频区域的左半圆源于电极和电解质界面的电荷转移电阻（R_{ct}），R_{ct} 值与电极的电催化活性呈负相关，即少的 R_{ct} 意味着对三碘化物具有强电催化能力。低频区域的半圆表示电解质中三碘化物/碘化物氧化还原偶联的能斯特扩散阻抗（W）[186,187]。从 Nyquist 光谱中提取的 R_s 和 R_{ct} 参数列于表 3-1。三个不同电极的 R_s 值几乎都出现在 9 Ω·cm² 附近，显示出上述电极之间相似的电导率。而 CH-Ni 电极的 R_{ct} 值（7.4 Ω·cm²）明显小于 CH 电极（11.5 Ω·cm²），说明 CH-Ni 电催化剂具有高效电荷转移的特性。这种现象的原因是因为在碳材料中加入过渡金属导致催化活性位点增加。同时，以 Pt 电极的 R_{ct} 值作参照，能更深入地比较所制备的碳质电极的性能。CH-Ni 的 R_{ct} 值比 CH 更接近 Pt 电极的 5.6 Ω·cm²。结果表明，镍碳电极具有明显的电催化特性。图 3-5 为上述三种电极的对称虚拟电池的 Bode 谱。在 Bode 图中，参与 I_3^- 还原过程的电子寿命（τ）可以通过定量公示：$\tau = 1/(2\pi f_{max})$ 来计算（这里 f_{max} 是 Bode 图中的峰值频率）。表 3-1 总结了来自不同电极的 τ 值。CE 用于从外部电路中收集电子并催化还原氧化还原对。τ 描述了电子在电极/电解质界面上的寿命，因此 τ 越短，意味着电催化活性越好[188,189]。见表 3-1，τ 值遵循 Pt＜CH-Ni＜CH 的顺序，结果与 R_{ct} 数据吻合。另一方面，通过 Tafel 极化分析揭示了碘三离子在不同电极表面还原的电催化反应动力学，记录的曲线如图 3-6 所示。在典型的 Tafel 谱中，从相应的 Tafel 区和扩散区分别可以得到交换电流密度 J_0 和限制扩散电流密度 J_{lim}。J_0 是阳极支（或阴极支）的切线与垂直于 0 V 的直线的交点，较大的 J_0 对应于较高的电催化活性[190,191]。CH-Ni（1.1 mA·cm⁻²）的 J_0 值明显超过 CH（0.6 mA·cm⁻²），再次证实了 CH-Ni 较高的电催化活性。CH-Ni 的 J_0 值与 Pt（1.5 mA·cm⁻²）相当，说明 CH-Ni 可以像 Pt 一样有效地催化碘三离子。此外，利用 J_0 可以通过公式推导出 Tafel

电荷转移电阻($R_{ct\text{-Tafel}}$)：$J_0 = RT/(nFR_{ct\text{-Tafel}})$，其中 R 是气体常数，F 是法拉第常数，T 是绝对温度，n 是碘/碘三离子氧化还原过程中转移的电子数[192]。因为大的 J_0 代表较少的 $R_{ct\text{-Tafel}}$，因此，三个电极的 $R_{ct\text{-Tafel}}$ 数值变化趋势与 EIS 分析结果一致。此外，$J_{\lim}$ 与氧化还原离子的扩散系数（D_n）成正比，如式所示：$D_n = lJ_{\lim}/(2nFC)$（l 是电极之间的距离，F 是法拉第常数，n 是反应中交换的电子数，C 是碘三离子浓度）[193]。如图 3-6 所示，CH-Ni 表现出与 Pt 相似的 $J_{\lim}$，说明 CH-Ni 具有快速的电解质离子扩散，可以促进碘三离子的还原[194]。其变化规律与 EIS 分析结果一致。用循环伏安法（CV）进一步研究碳质电极和铂电极的催化行为。图 3-7a 为三个电极的 CV 曲线。在 CV 图中，左侧较低电位的峰可以归属于 I_3^- / I^- 的反应过程。从 I_3^- 到 I^- 的还原速率是影响电池光电流密度的决定性因素，因此，通常使用阴极还原峰值电流密度作为一个重要参数来评价各种电极的电催化活性[195,196]。显然，CH-Ni 和 CH 在图 3-7a 中表现出相似的 CV 轮廓，但在两个电极中存在着十分明显的区别。CH-Ni 的还原电流密度的增大可以归因于碳载体上引入 Ni 物质所导致的催化活性提高。此外，CH-Ni 电极虽然缺乏类似 Pt 电极的还原峰，但仍表现出与

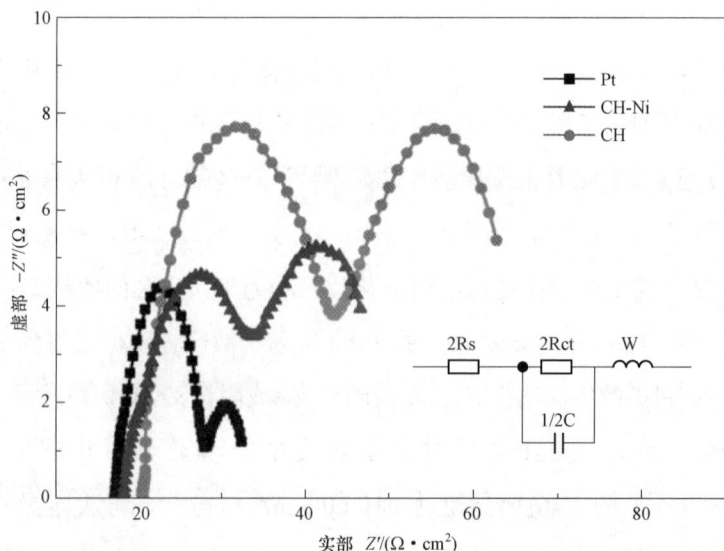

图 3-4　基于不同对称电池的 Nyquist 图，插图为对应的等效电路图

Pt 电极相似的还原峰电流密度，意味着 CH-Ni 良好的电催化特性。另外，为了判断 CH-Ni 电极在碘基电解质中的抗溶解能力，对电极进行了连续 50 次的 CV 扫描，记录的曲线如图 3-7b 所示。曲线在所有循环中显示出一致的轮廓，没有观察到畸变，表明了电极良好的电化学耐久性。

表 3-1　来自电化学阻抗以及塔菲尔极化曲线的电化学参数

对电极	$R_s/(\Omega \cdot cm^2)$	$R_{ct}/(\Omega \cdot cm^2)$	$\tau/\mu s$	$J_0/(mA \cdot cm^{-2})$
CH	10.1	11.5	22.8	0.6
CH-Ni	9.1	7.4	13.9	1.1
Pt	8.5	5.6	9.4	1.5

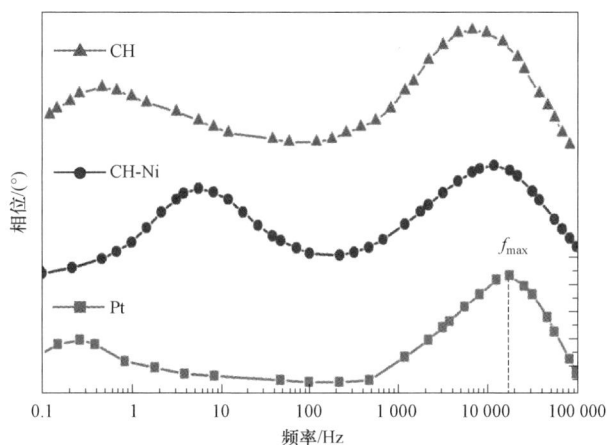

图 3-5　基于不同对称电池的 Bode 图

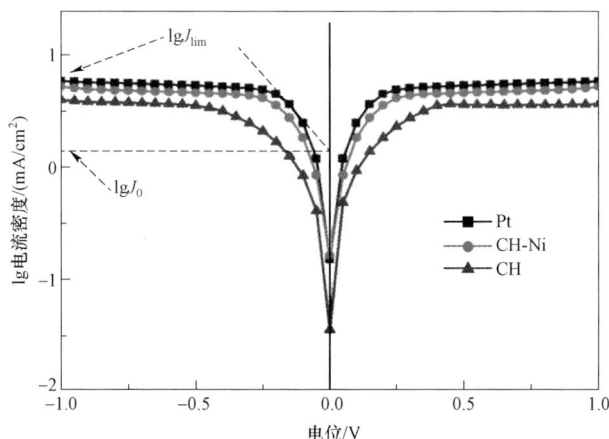

图 3-6　基于不同对称电池的 Tafel 曲线

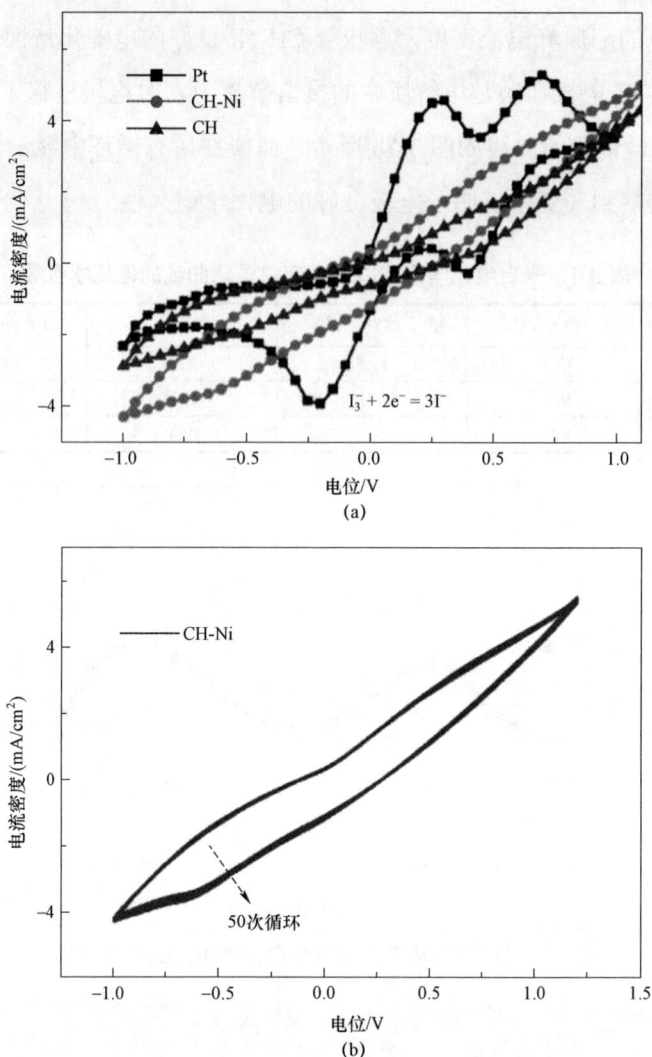

图 3-7 （a）不同对电极的 CV 测试曲线；（b）CH-Ni 电极 50 次连续 CV 测试曲线

3.3.3 器件光伏性能分析

根据以上分析，可以确定 CH-Ni 电极具有优异的电催化活性。通过组装完整的电池，进一步实际评估 CH 和 CH-CH-ni 碳质电极在器件中的真实表现，同时制备了基于 Pt 电极的 DSSC 作对照比较。基于 CH、CH-Ni、Pt 电极的 DSSCs 电流密度-电压曲线（J-V）如图 3-8 所示，短路电流密度（J_{sc}）、开路电压（V_{oc}）、填充因子（*FF*）、*PCE* 等光伏性能参数总结在表 3-2。CH 电极制备的 DSSC 得到的 *PCE* 为 6.14%，J_{sc} 为 12.55 mA·cm^{-2}。J_{sc} 对 DSSC 性能的影响通常与光生电子的注入效率以及 DSSC 的电子转移机理有关。光阳极相同时候，光生电子的注入动力接近，低 J_{sc} 主要是因为转移到 CE 的电子接收缓慢，而在电极/电解质界面上发生的电子转移较少，这可能是由于电极材料的催化能力不足所致[197,198]。可以看出，用 CH-Ni 电极组装的 DSSC 的光伏性能参数得到了明显的改善。基于 CH-Ni 电极的器件 *PCE* 为 7.01%，同时 J_{sc} 升高，为 13.51 mA·cm^{-2}。CH-Ni 电极光伏性能的适度提高归因于引入 Ni 物种后增强的催化能力，这一点已被上述电化学讨论证实。此外，在相同的测试条件下，基于 Pt 电极的电池产生了 7.1% 的 *PCE*。结果表明，镍碳电催化剂具有类似稀有 Pt 金属优异的催化性能。此外，CH、CH-Ni 和 Pt 电极的 DSSCs 的 IPCE 光谱如图 3-9 所示。由于所有电池都采用 N719 染料敏化，不同 CE 对 DSSC 光电响应的影响主要反映在不同的 IPCE 峰值上。IPCE 的分析结果与 *J-V* 的测量结果呈现相同的趋势，再次确认了镍碳电极的性能。另一方面,高重复性是 CE 研究的一个重要方面[199,200]。实验制备了 3 个 CH-Ni

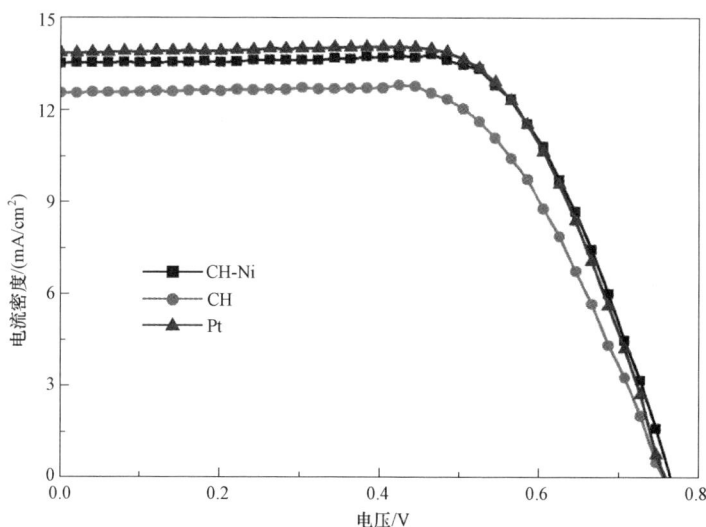

图 3-8　基于 CH、CH-Ni、Pt 电极的 DSSC 所对应的光电流-电压特性曲线

电极和 Pt 电极的平行电池，考察了其重复性。图 3-10a 总结了来自这些平行电池的光伏参数 J_{sc} 和 PCE。从图 3-10a 可以看出，3 个平行 CH-Ni 器件的 J_{sc} 和 PCE 非常相似，没有很大的变化，这证实了所制备的电极具有良好的重现性。此外，将 CH-Ni 电池和 Pt 电池暴露于没有特殊保护的空气环境中一周，研究了 DSSC 中电极的使用稳定性。图 3-10b 显示了从每天采样测试中提取的参数 J_{sc} 和 PCE。显然，CH-Ni 电池与 Pt 基电池呈现出相似的趋势，这表明 CH-Ni 电极具有良好的可靠性。这些测量结果突出了镍碳基电极作为 Pt 电极替代品的巨大潜力。

表 3-2　基于不同对电极所制 DSSCs 的光伏参数

对电极	$J_{sc}/$（mA·cm^{-2}）	$V_{oc}/$V	FF	$PCE/\%$
CH	12.55	0.76	0.65	6.14
CH-Ni	13.51	0.76	0.68	7.01
Pt	13.85	0.75	0.68	7.1

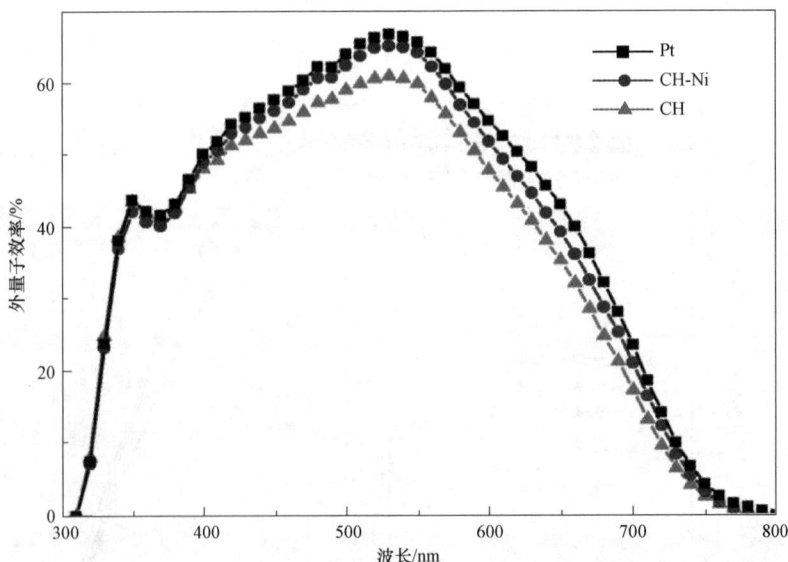

图 3-9　基于 CH、CH-Ni、Pt 三类电极所制 DSSC 的 IPCE 光谱图

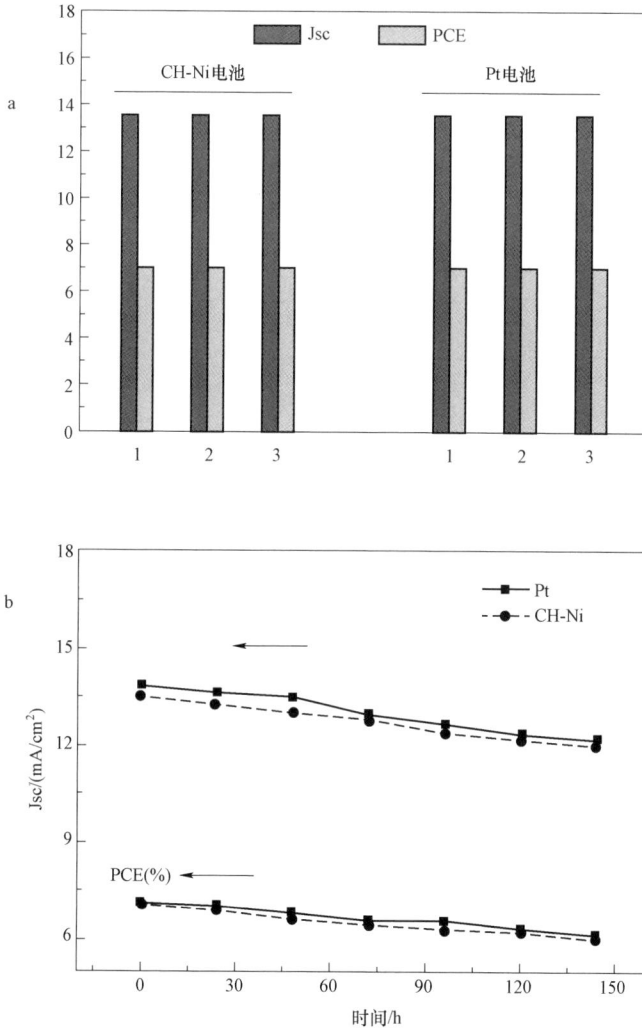

图 3-10　（a）CH-Ni 或 Pt 三个独立 DSSC 的光伏参数比较；
（b）CH-Ni、Pt 电极所制 DSSCs 稳定性测试比较

3.4　本章小结

综上所述，采用廉价的生物质腐殖酸作为碳源，通过腐殖酸-Ni 复合物的
热解构建 Ni 掺碳材料。与直接碳化的腐殖酸相比，改性的镍碳材料可以为直
接碳化的腐殖酸提供额外的催化活性位点。当 CH-Ni 材料组装成 DSSC 对电

极催化剂时，它对碘三电解质的还原表现出良好的电催化性能。这种廉价碳质催化剂是解决 Pt 电极价格昂贵问题的一种很好的候选方法。此外，由于腐殖酸具有丰富的有机官能团，通过巧妙的材料设计，可以合理地定制所需的结构。本研究中使用的方法可能有利于开发更有效的电极材料用于 DSSC 和其他能量转换设备。

第 4 章 导电高分子 PEDOT 复合纳米磷酸盐用作对电极材料

在本章中，通过简单的水热法制备了一系列过渡金属纳米磷酸盐 [$Ni_3(PO_4)_2$、$Co_3(PO_4)_2$、Ag_3PO_4]，化学氧化法制备了导电高分子聚 3，4-乙烯二氧噻吩 PEDOT。将磷酸盐与聚合物混合后，旋涂成膜获得多种杂化膜电极。实验结果发现，在复合物中掺入的磷酸盐的含量强烈影响着杂化膜电极的电催化性能。在所有的 PEDOT-磷酸盐杂化膜电极中，当纳米 $Ni_3(PO_4)_2$ 在 PEDOT 前驱体溶液中的浓度为 50 mg/mL 时，获得的 PEDOT-$Ni_3(PO_4)_2$-50 电极展现出了 6.412% 的能量转化效率，它高于单独的 PEDOT 电极 5.443% 的能量转化效率，略优于 Pt 电极 6.307% 的 *PCE*。多种分析方法被用来探究杂化膜电极电催化能力提升的原因。研究结果表明杂化膜电极具有较大的活性面积，较低的电荷转移阻抗以及突出的电还原能力。此外，优化的 PEDOT-$Ni_3(PO_4)_2$-50 杂化膜电极在实际的电池应用中也表现出色，这些结果说明这类杂化膜电极是种有前景的非铂染敏对电极。

4.1 研究背景

众所周知，导电高分子聚 3，4-乙烯二氧噻吩 PEDOT 具有良好的电子导电率和化学稳定性。此外，由于能够在聚合物环与碘离子间形成配位物种[201]，

PEDOT 也能够催化还原 I_3^- / I^- 电对。然而大多数常规条件下制备的 PEDOT 电极的电催化能力与铂电极相比仍有些许的差距，导致基于 PEDOT 电极的染敏太阳能电池的能量转化效率偏低。因此，许多研究人员使用具有一定电催化活性的化合物与导电高分子复合，以期进一步提升聚合物电极的电催化性能。这些被包裹的催化材料包括碳材料，金属颗粒，过渡金属氧化物等[202-204]。基于这些复合物电极制备出的染敏电池取得了许多良好的、超过 Pt 基电池的光伏表现。

过渡金属磷酸盐已经在光催化领域得到大量的应用，并且展示出较好的光催化效果[205-207]。然而很少有报道关于过渡金属磷酸盐在染敏电池对电极方面的应用。在本章中，PEDOT-磷酸盐杂化膜被创新性地用作染敏电池的对电极，通过筛选，获得了最优的杂化膜电极 PEDOT-$Ni_3(PO_4)_2$-50，该杂化膜电极展示出了优于 Pt 电极的能量转化效率。

4.2　实验部分

4.2.1　磷酸盐和 PEDOT 的合成

原料：3,4-乙烯二氧噻吩单体（EDOT），吡啶，聚乙烯吡咯烷酮，十二烷基硫酸钠，对甲基苯磺酸铁购自百灵威试剂。四水乙酸镍（$C_4H_6O_4Ni \cdot 4H_2O$），四水乙酸钴（$C_4H_6O_4Co \cdot 4H_2O$），硝酸银（$AgNO_3$），磷酸二氢钠（NaH_2PO_4）均购自国药试剂。

所有的磷酸盐都采用相同的水热法制备。下面以 $Ni_3(PO_4)_2$ 的制备为例，来详细说明磷酸盐的制备步骤。2.239 g 乙酸镍（9 mmol/L）和 51.9 mg 的十二烷基硫酸钠倒入 40 mL 的去离子水中，剧烈搅拌 30 min 后形成均匀的混合溶液。与此同时，1.703 g 的磷酸二氢钠（12 mmol/L）溶解于 20 mL 的去离子水中。将磷酸二氢钠溶液缓慢地滴加到乙酸镍的水溶液中，控制滴加速度 20 min 内滴完，然后将混合溶液搅拌 30 min。随后将其倒入 100 mL 的水热反应釜中，180 ℃下保温 10 h。待逐渐冷却到室温后，取出沉淀产物，用大量的水和乙醇反复冲洗，以除去物质表面残存的表面活性剂以及附着物。处理后的沉淀再次经过 60 ℃真空干燥 12 h 后，获得最终磷酸镍产物。其余磷酸钴，磷酸银的制备工艺与物料比，和磷酸镍相同。PEDOT 的合成大致按照文献中介绍的方法进行[208]。整个过程简述如下。0.6 g 的 3，4-乙烯二氧噻吩单体，0.2 g 的对甲基苯磺酸铁，0.1 mL 的吡啶全部倒入 10 mL 的无水乙醇中，充分搅拌形成均匀溶液。另外，2 g 的对甲基苯磺酸铁也溶解在 10 mL 的无水乙醇中。将对甲基苯磺酸铁溶液缓慢地滴加到 EDOT 单体中，密闭反应容器，长时间搅拌 48 h，完成 PEDOT 前驱体溶液的聚合。

4.2.2　杂化膜电极的制备与器件的组装

FTO 玻璃经丙酮，去离子水，乙醇依次超声清洗 20 min，吹干后放置在干净的容器中待用。三种过渡金属磷酸盐[$Ni_3(PO_4)_2$、$Co_3(PO_4)_2$、Ag_3PO_4]按照不同的添加量与 PEDOT 前驱体混合，磷酸盐的添加量分别为 10 mg/mL、30 mg/mL、50 mg/mL、70 mg/mL、90 mg/mL。混合溶液经搅拌超声搅拌反复进行两次，获得均匀分散的溶液。杂化膜通过旋涂成膜的方法制备。将 100 μL 的 PEDOT-磷酸盐混合分散液滴到 FTO 玻璃的导电面，设置旋涂速度为 1 000 r/min，时间为 10 s。待旋涂完成后，室温条件下（25 ℃）静置熟化 4 h 以上。然后将制备好的复合物膜使用无水乙醇缓慢冲洗直至无色，再将其放置在 80 ℃的热平台上烤制 2 h，完成了杂化膜电极的制备。作为参比的铂电极，通过磁控溅射制备。另外，单独的磷酸盐对电极和氧化锌对电极，通过直接将 50 mg/mL 的磷酸盐或氧化锌的异丙醇分散液旋涂在 FTO 玻璃上完成。

整个杂化膜的制备过程如图 4-1 所示。

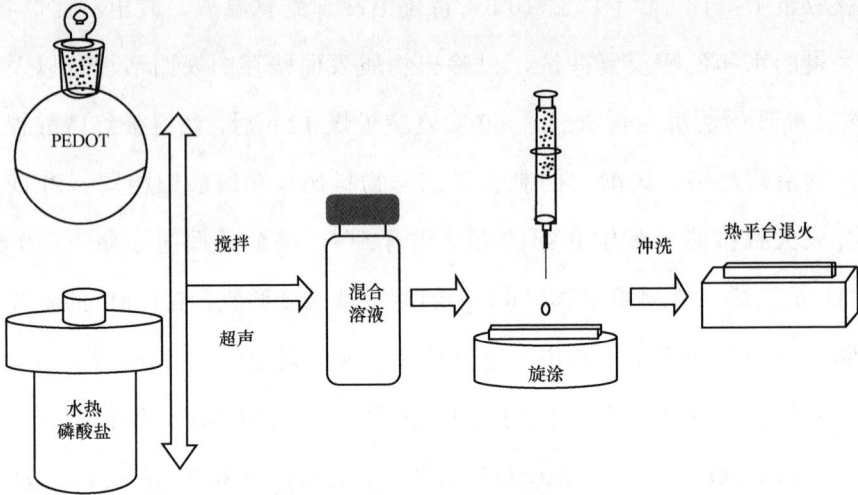

图 4-1　杂化膜电极的制备流程

商业化的粒径为 20 nm 的 TiO_2 的浆料丝网印刷在 FTO 导电玻璃的导电面上，然后将该 TiO_2 膜放在 500 ℃的马弗炉中热退火处理 30 min。待膜的温度降低到 80 ℃时，将其迅速放入 0.5 mmol/L 的 N719 的乙醇溶液中。60 ℃保温浸泡 12 h 后，用无水乙醇清洗。30 μm 厚的 Surlyn 膜隔离光阳极与对电极，将电解液注入带隙中，密封注入孔，完成电池的组装。

4.2.3　表征与测试

磷酸盐的晶体结构由 XRD 进行检测（Bruker，Germany）。SEM（QUANTA，Holland）被用来研究磷酸盐和杂化膜的表面形貌。杂化膜表面的粗糙度用原子力显微镜（AFM）来表征（Shimadza，Japan）。EDOT 和 PEDOT 的傅里叶红外谱图的测试在单晶硅片上完成。杂化材料的拉曼谱通过使用激发波长为 514.5 nm 的共焦拉曼获得（RM-1000，Renishaw，UK）。染敏电池的光伏测试在光照强度为 100 mW·cm^{-2} 的太阳光模拟器下完成，扫描电压范围为

0～1 V，采样点数为 100。染敏电池的 IPCE 测试在波长为 300～800 nm 单色光模拟器下测得（Enli Technology Co.Ltd.China）。循环伏安（CV），电化学阻抗（EIS）以及塔菲尔极化曲线（Tafel）都是在同一电化学工作站完成（CHI660C，China）。其中电化学阻抗和塔菲尔极化分析被实施在由两块相同的对电极组成的模拟对称电池上，循环伏安测试在三电极体系中完成，具体的测试条件与 2.2.3 节中相同。

4.3　结果与讨论

4.3.1　材料的表征

图 4-2 中展示了通过相同水热法制备出的三种磷酸盐的 XRD 特征图。三种磷酸盐主要的峰位置分别归属于标准 XRD 卡片编号 JCPDF 34-0844[$Co_3(PO_4)_2 \cdot 4H_2O$]，JCPDF 33-0951[$Ni_3(PO_4)_2 \cdot 8H_2O$]，以及 JCPDF 06-0505(Ag_3PO_4)。所有的样品展示出了相对强的衍射强度，并且没有额外的杂质峰出现。说明了通过这种简单的水热法成功地合成了磷酸盐材料并且合成的材料是高纯度的。制备的磷酸盐的表面形貌被展示在图 4-3 中。从图中可以看出，单独的磷酸盐颗粒呈现出不规则的形貌，颗粒的平均粒径超过 300 nm。单独的磷酸钴表现出片状结构，纳米片的平均长度为 600 nm，宽度为 200 nm。单独的磷酸银表现出不规则的六方形，平均粒径超过 100 nm。初始的 EDOT 单体以及聚合后的 PEDOT 产物的傅里叶红外谱被展示在图 4-4 中。对于 EDOT 单体，在 1 521^{-1} 和 1 487^{-1} 处有两个吸收带，这两个吸收带来自噻吩环上 C=C 键的不对称伸缩振动和对称伸缩振动[209]。1 366^{-1}、934^{-1}、891^{-1} 处的特征峰分别代表了 C—C 拉伸，C—S 伸缩振动以及噻吩环上部分饱和的氢碳键。经过化学氧化聚合后，聚合物 PEDOT 展示出了与 EDOT

单体完全不同的红外曲线。对于噻吩环上的键，C＝C 键的不对称的伸缩振动，C—C 键的拉伸振动，C—S 键的伸缩振动分别转移到了 1 514^{-1}、1 318^{-1}、977^{-1} 处[210]。这些变化说明了聚合物 PEDOT 的形成。

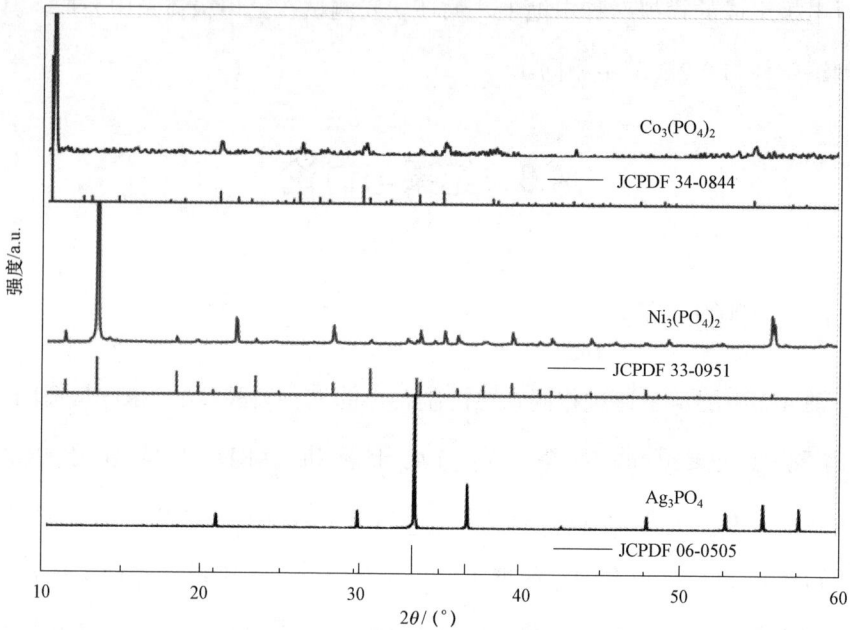

图 4-2　三种磷酸盐的 XRD 图

图 4-3　三种磷酸盐的 SEM 图

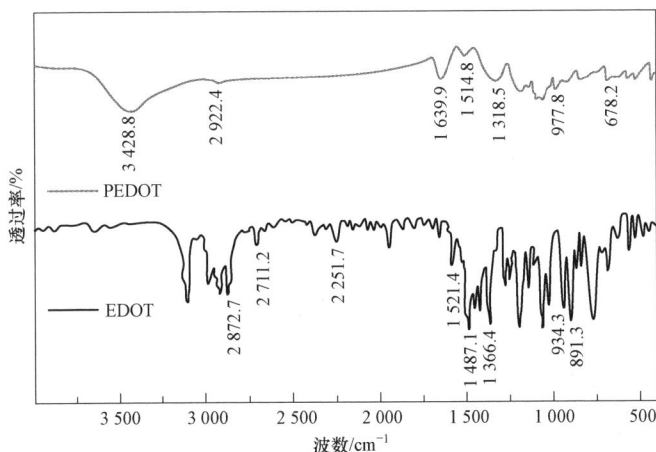

图 4-4　EDOT 和 PEDOT 的红外图

四种杂化膜（PEDOT、PEDOT-Ni$_3$(PO$_4$)$_2$-50、PEDOT-Co$_3$(PO$_4$)$_2$-50、PEDOT-Ag$_3$PO$_4$-50）的表面及微观形貌通过 SEM 进行了表征，获得的图像被展示在图 4-5。磷酸盐颗粒被周围的聚合物紧密地包裹，聚合物薄膜形成了一个完整的互相联通的导电网络。这种结构有利于电解液的扩散与接触，并且方便电子快速地传输到复合物膜的各个角落。杂化膜的横断面被展示在图 4-6 中，从图中可以大致估测，PEDOT-磷酸盐杂化膜拥有较为接近的厚度，大约为 10 μm，并且复合物膜紧密地与 FTO 导电玻璃贴合。另外复合物膜表面的粗糙度也通过原子力显微镜进行研究。图 4-7 展示了单独的 PEDOT 膜以及优化的 PEDOT-Ni$_3$(PO$_4$)$_2$-50 膜的 AFM 图，单独的 PEDOT 膜呈现出一个相对平滑的表面，其均方根粗糙度为 36.28 nm，而经过引入磷酸盐后，杂化膜表面的粗糙度增加到了 46.89 nm。表面较大的粗糙度可能意味着拥有更多的催化活性位点，这样有利于电催化反应的进行[211-214]。为进一步探索复合前后，材料的性质是否发生变化。单独的 PEDOT 膜以及优化的 PEDOT-Ni$_3$(PO$_4$)$_2$-50 膜表面的材料被刮下然后进行 XRD 和 Raman 表征。相关的结果被展示在图 4-8 中。从图中可以看出，经复合后，磷酸盐的 XRD 特征峰没有发生改变或移动，表明复合过程对磷酸盐的结构没有造成影响。同样的。从 Raman 图中可以看出，单独的 PEDOT 的主要的 Raman 特征峰位于 1 430^{-1} 处，在复合物中，

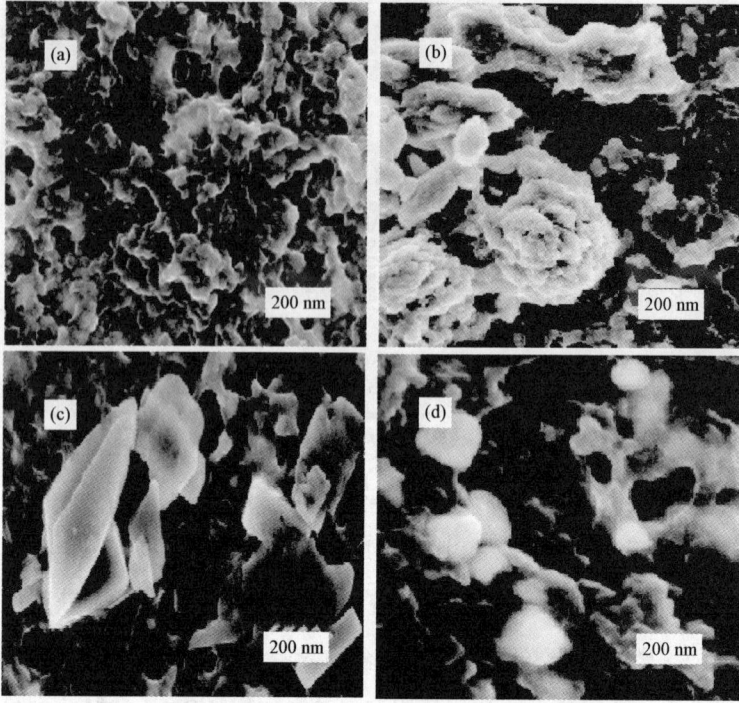

图 4-5 PEDOT-磷酸盐与单独的 PEDOT 膜的 SEM 图

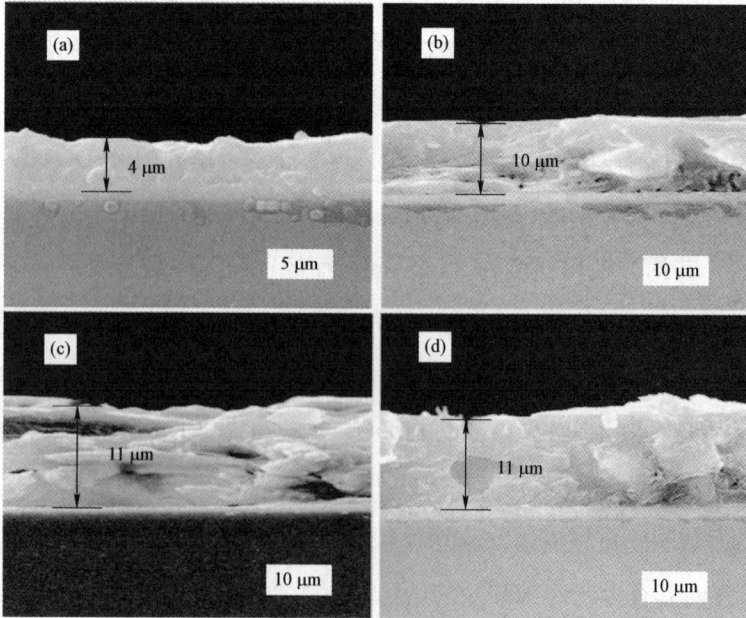

图 4-6 PEDOT-磷酸盐与单独的 PEDOT 膜的横断面的 SEM 图

其位置亦没有发生改变或移动，说明复合过程对 PEDOT 的结构也没有显著影响。

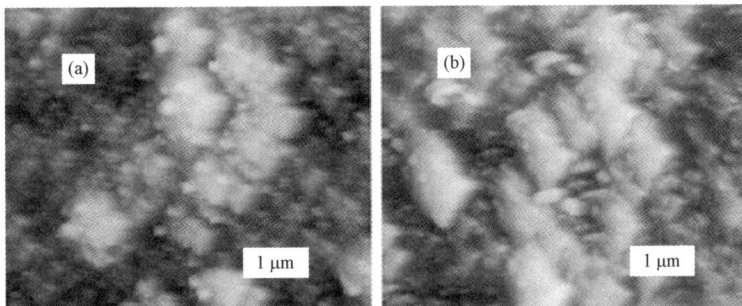

图 4-7　PEDOT-Ni$_3$(PO$_4$)$_2$-50 膜与单独的 PEDOT 膜的 AFM 图

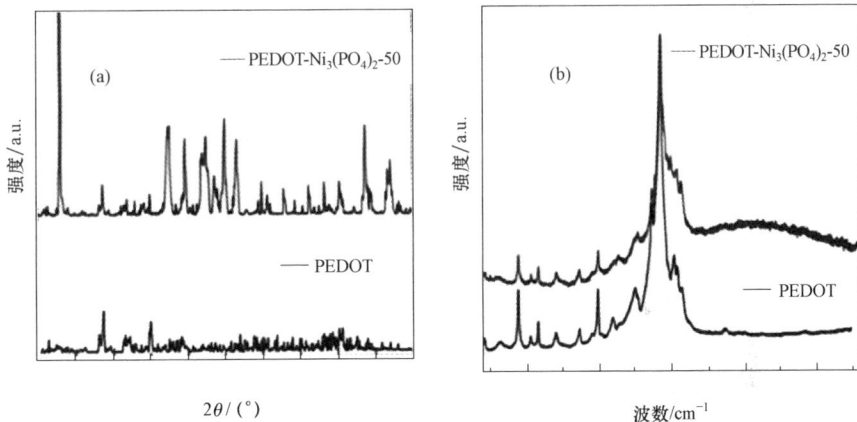

图 4-8　PEDOT-Ni$_3$(PO$_4$)$_2$-50 与 PEDOT 的 XRD（a）与 Raman（b）的图

4.3.2　基于杂化膜对电极的染料敏化电池表现

为了比较三种磷酸盐的电催化性能，单独的 Ni$_3$(PO$_4$)$_2$、Co$_3$(PO$_4$)$_2$、Ag$_3$PO$_4$ 电极被组装成染料敏化太阳能电池进行光伏测试。这种比较方法虽然不能完全展示出磷酸盐材料全部的电催化性能，但通过这一方式仍然可以分辨出三种磷酸盐材料电催化活性间的不同。与此同时，单独的氧化锌电极也被制备，之所以选择氧化锌作为对比电极，是由于该材料在多种文献报道中，已经出展示较好的电催化性能。用它来作为参照物，可以从一定程度上反映出磷酸盐的催化活性。图 4-9 展示出了来自不同种类的对电极的 *J-V* 曲线。详细的光伏参数被罗列在表 4-1 中。所有的基于单独的磷酸盐和氧化锌电极的染敏电池的能量转化效率均超过了空白 FTO 电极的 *PCE*（0.001%）。基于这三种磷酸盐的染敏电池的 *PCE* 的顺序为 $Ag_3PO_4(0.076\%) < Co_3(PO_4)_2(0.176\%) < Ni_3(PO_4)_2(0.239\%)$。这些数据或多或少地说明了磷酸镍在这三种磷酸盐中具有最好的电催化性能。与此同时，作为对比的单独的 ZnO 电极取得了 0.318% 的 *PCE*，这个数值相比于其他文献中报道的 0.77%[215]或 1.41%[216]较小，但通过单独的 ZnO 电极的表现从侧面展示出了磷酸盐材料确实具有一定的电催化活性。至于这种单独的裸露电极为何取得如此低的能量转化效率。许多文献给出了多种解释，绝大多数文献认为，由于裸露电极上的催化材料并没有与 FTO 导电面形成完整有效的欧姆接触，只是均匀地分散在表面，仅有部分

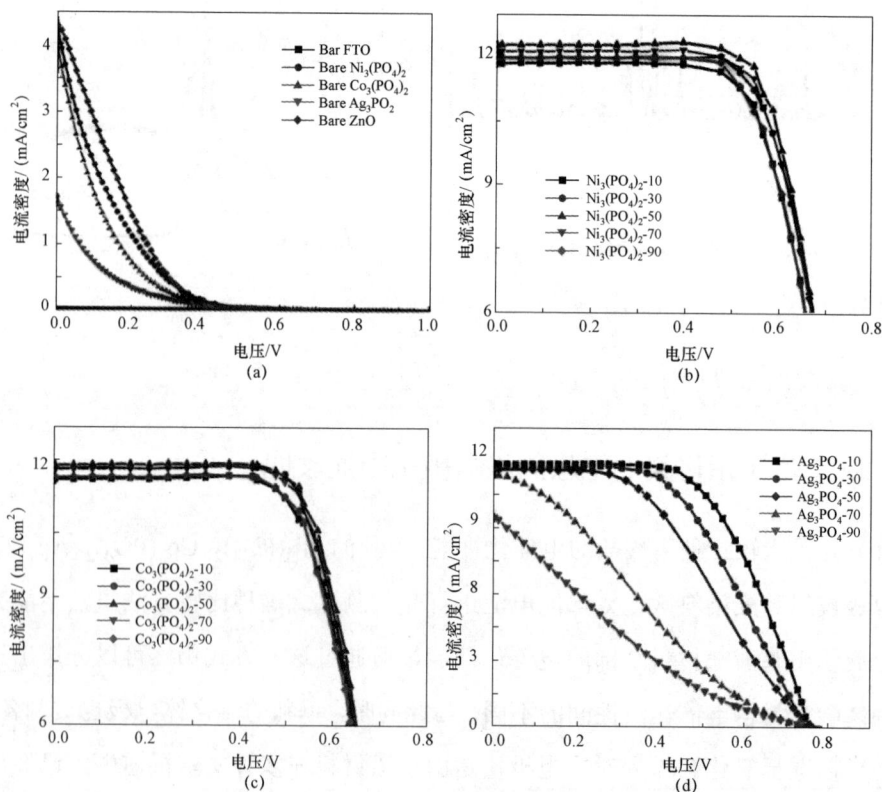

图 4-9　基于多种电极的染敏电池的 *J-V* 曲线图

颗粒与导电面形成欧姆接触，所以电子不能有效地从外电路传输到催化层。另外，电催化材料颗粒间没有形成连续的导电网络，各颗粒间甚至是孤立的存在，无法有效地互相传输电子。再者，由于半导体材料本身的电阻较大以及其较弱的电催化活性，都影响了单独的裸露电极的整体催化表现。此外，一些研究也认为，当使用含有 LiI 的电解液时，在裸露电极的表面会形成若干双层电容，进而影响了电极催化性能的发挥[217]。对于单独的 PEDOT 电极，虽然取得了相对不错的 5.443%的能量转化效率，但它与铂基电池 6.307%的 *PCE* 相比，仍然具有不小的差距，所以需要使用一定的掺杂或者改性的办法，进一步提高复合物电极的催化能力。

表 4-1　基于多种电极的染敏电池的光伏参数

对电极	J_{sc}/ (mA·cm^{-2})	V_{oc}/V	FF	PCE/%
Bare FTO	0.008 4	0.821	0.147 5	0.001
Bare Ni$_3$(PO$_4$)$_2$	4.19	0.864	0.065 9	0.239
Bare Co$_3$(PO$_4$)$_2$	3.93	0.904	0.049 6	0.176
Bare Ag$_3$PO$_4$	1.68	0.844	0.053 3	0.076
Bare ZnO	4.27	0.419	0.177 6	0.318
Bare ZnO[215]	10.4	0.39	0.189	0.77
Bare ZnO[216]	10.5	0.74	0.18	1.41
Ni$_3$(PO$_4$)$_2$-10	11.78	0.744	0.675	5.923
Ni$_3$(PO$_4$)$_2$-30	11.90	0.744	0.702	6.223
Ni$_3$(PO$_4$)$_2$-50	12.21	0.746	0.703	6.412
Ni$_3$(PO$_4$)$_2$-70	12.05	0.745	0.695	6.250
Ni$_3$(PO$_4$)$_2$-90	11.90	0.742	0.671	5.934
Co$_3$(PO$_4$)$_2$-10	11.72	0.724	0.676	5.744
Co$_3$(PO$_4$)$_2$-30	11.96	0.721	0.695	6.008
Co$_3$(PO$_4$)$_2$-50	12.05	0.724	0.696	6.109
Co$_3$(PO$_4$)$_2$-70	11.93	0.725	0.691	5.914
Co$_3$(PO$_4$)$_2$-90	11.77	0.721	0.680	5.778
Ag$_3$PO$_4$-10	11.31	0.756	0.591	5.059

对电极	$J_{sc}/\,(mA \cdot cm^{-2})$	V_{oc}/V	FF	PCE/%
Ag_3PO_4-30	11.20	0.745	0.531	4.436
Ag_3PO_4-50	11.08	0.762	0.441	3.731
Ag_3PO_4-70	10.84	0.736	0.245	1.963
Ag_3PO_4-90	9.02	0.754	0.180	1.232

当三种磷酸盐被分别与 PEDOT 复合后，制备的杂化膜呈现出了不同光伏表现。对于所有的 PEDOT-磷酸镍杂化电极来说，基于这些复合电极的能量转化效率相对于单独的 PEDOT 电极或者单独的磷酸镍电极都有显著提高。随着磷酸盐加入的增多，杂化膜电极的效率呈现出先增大后减小的趋势。最高的能量转化效率 6.412%出现在磷酸镍的添加量为 50 mg/mL 时。对于 PEDOT-磷酸钴杂化电极来说，这类电极呈现出与 PEDOT-磷酸镍几乎完全相同的趋势。同样地，最高的能量转化效率 6.109%出现在磷酸钴的加量为 50 mg/mL 时。对于优化的 PEDOT-Ni$_3$(PO$_4$)$_2$-50 与 PEDOT-Co$_3$(PO$_4$)$_2$-50 杂化电极，能量转化效率的差距应该归因于两种磷酸盐间不同的电催化活性。通过上面的分析，可以发现，磷酸盐的含量显著地影响着杂化膜电极的电催化表现。相对于单独的 PEDOT 电极，一方面由于添加磷酸盐材料后，聚合物表面的粗糙度增大，从而创造出来较多的催化活性位点，这一解释可以从 AFM 的分析中得以佐证。另一方面，由于掺杂的材料本身就具有电催化活性，所以进一步增加了杂化膜的催化活性位点。当然另需要指出的，正是由于有了 PEDOT 连续导电网络的存在，具有催化活性的磷酸盐材料才能够更好地表现出自身全部的催化性能。然而当加入的磷酸盐的含量超出适宜值时，由于磷酸盐材料本是半导体，其导电能力较弱，过多的磷酸盐掺入后，使复合物膜的导电能力迅速下降，从而破坏了整体的电催化性能。除去磷酸镍和磷酸钴外，磷酸银也被与 PEDOT 进行复合，然而制备出的 PEDOT-磷酸银杂化膜系列电极，展示出了完全不同于 PEDOT-磷酸镍与 PEDOT-磷酸钴电极的光伏表现。当在 PEDOT 前驱体溶液中加入少量的 10 mg/mL 的磷酸银时，获得

的 PEDOT-Ag$_3$PO$_4$-10 展示出了 5.059% 的 *PCE*，这甚至比单独的 PEDOT 电极的 *PCE* 值都低。当进一步增大磷酸银的添加量时，如磷酸银的加量为 90 mg/mL 时，此时的杂化膜电极的 *PCE* 值仅仅有 1.232%，这一现象的出现毫无疑问是由磷酸银非常弱的电催化性能导致的。

通过上面系统的光伏效果比较，分别获得了优化的 PEDOT-Ni$_3$(PO$_4$)$_2$-50 与 PEDOT-Co$_3$(PO$_4$)$_2$-50 杂化电极，另外为完善对比，本研究也给出了铂基染敏电池的 *J-V* 图以及基于 PEDOT-Ag$_3$PO$_4$-10 杂化电极的染敏电池的 *J-V* 曲线，它们与上述优化后的电极的 *J-V* 曲线一起展示在图 4-10 中，相对应的光伏参数被总结在表 4-2 中。基于 PEDOT-Ni$_3$(PO$_4$)$_2$-50 电极的染敏电池获得了最好的光伏表现，短路电流密度 12.21 mA·cm^{-2}，开路电压 0.746 V，填充因子 0.703，能量转化效率 6.412%。这些光伏参数轻微超过了同等测试条件下铂基电池的光伏参数，说明这类非铂的杂化膜电极具有较好的电催化性能。此外，基于 5 种不同对电极的 IPCE 测量曲线也被展示在图 4-11 中，一般而言，IPCE 测量值主要与光能的吸收以及电荷的分离相关。由于本章中制备的染敏电池都是使用相同的 N719 染料，所以 IPCE 曲线出现差异化的原因只能

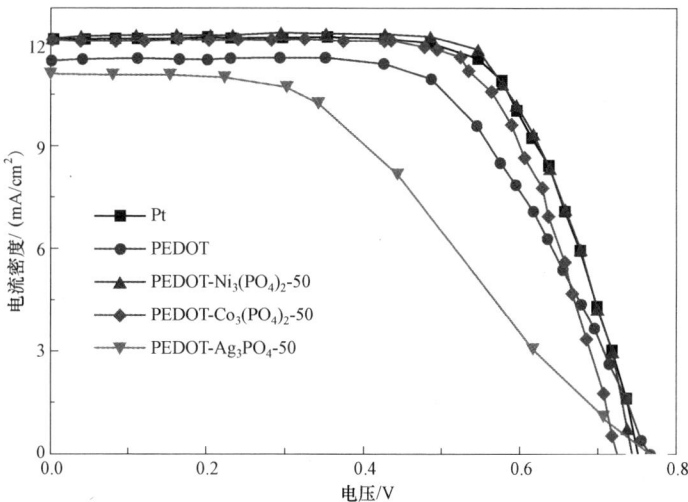

图 4-10　基于五种不同对电极的染料电池的 *J-V* 曲线

归因于使用了不同的对电极材料[174,175]。从图 4-11 中可以看出，优化的 PEDOT-Ni$_3$(PO$_4$)$_2$-50 展示出了略优于铂电极的光电响应，这样的测试结果与上面的光伏表现完全相同。

表 4-2　基于五种不同对电极的染料电池的光伏参数

对电极	$J_{sc}/$ (mA·cm^{-2})	V_{oc}/V	FF	PCE/%
Pt	12.14	0.751	0.690	6.307
PEDOT	11.82	0.764	0.602	5.443
PEDOT-Ni$_3$(PO$_4$)$_2$-50	12.21	0.746	0.703	6.412
PEDOT-Co$_3$(PO$_4$)$_2$-50	12.05	0.724	0.696	6.109
PEDOT-Ag$_3$PO$_4$-50	11.08	0.762	0.441	3.731

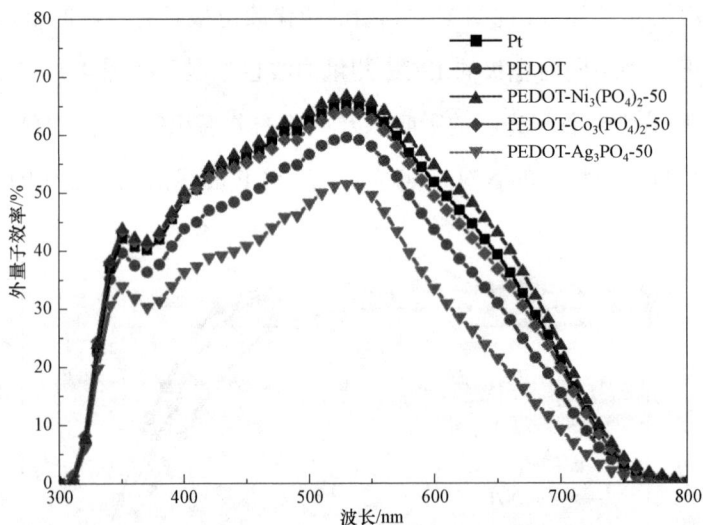

图 4-11　基于五种不同对电极的染敏电池的 IPCE 曲线

4.3.3　杂化膜对电极的电化学评价

电化学阻抗测试被施加在对称电池上，其目的是排除二氧化钛光阳极的影响。来自五种不同电极——Pt、PEDOT、PEDOT-Ni$_3$（PO$_4$）$_2$-50、PEDOT-Co$_3$

（PO$_4$）$_2$-50 和 PEDOT-Ag$_3$PO$_4$-50 的奈奎斯特曲线以及各自相对应的拟合曲线
被展示在图 4-12 中。经过拟合后获得的相关电化学参数被总结在表 4-3 中。
通常奈奎斯特图由频率范围在 10 mHz 到 65 kHz 的两个半圆组成。高频半圆
的起始截距，代表了电极整体的欧姆电阻（R_s），它主要起源于膜自身的电阻
以及接触电阻。高频半圆代表的是电荷在对电极/电解液界面的转移阻抗
（R_{ct}），一般认为小的 R_{ct} 值意味着好的电还原能力。低频区的半圆被认为代
表电解液的能斯特扩散阻抗（W）。另外，由于对称电池占据了两个对电极/
电解液界面，所以测得的阻抗参数均应该除以 2。

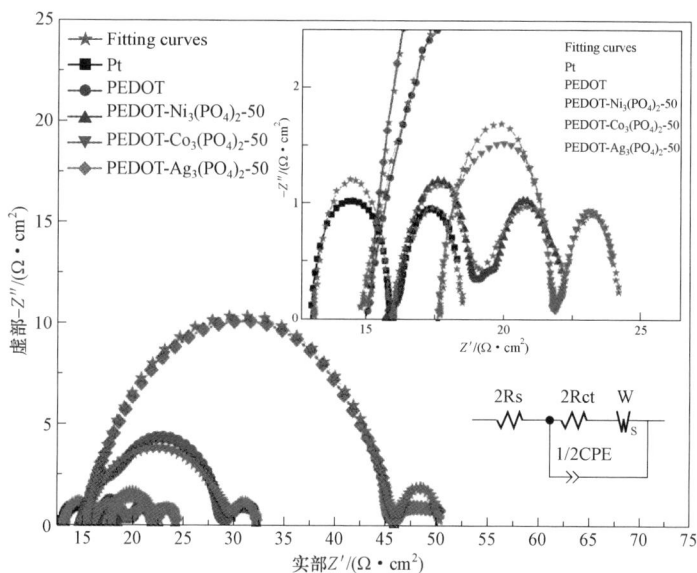

图 4-12　来自五种不同对电极的奈奎斯特曲线以及相对应的拟合曲线，插图为等效电路

表 4-3　基于五种不同对电极的电化学参数

对电极	R_s/（$\Omega \cdot cm^2$）	R_{ct}/（$\Omega \cdot cm^2$）	J_0/（$mA \cdot cm^{-2}$）	τ/μs
Pt	6.54	1.39	4.69	16
PEDOT	7.38	7.40	0.57	310
PEDOT-Ni$_3$(PO$_4$)$_2$-50	8.01	1.61	5.58	23
PEDOT-Co$_3$(PO$_4$)$_2$-50	8.84	2.06	3.77	37
PEDOT-Ag$_3$PO$_4$-50	7.53	15.3	0.29	560

单独的 PEDOT 电极的 R_s 值为 7.38 Ω·cm^2，所有的 PEDOT-磷酸盐杂化膜电极的 R_s 值都处于 7.53～8.84 Ω·cm^2 范围内，它们轻微的高于铂电极 6.54 Ω·cm^2 的 R_s 值。另一方面，这些较为接近的 R_s 值说明了杂化膜紧密地贴合在 FTO 导电面上。对于 5 种不同对电极的 R_{ct} 而言，展现出了 Pt＜ PEDOT-Ni$_3$(PO$_4$)$_2$-50＜PEDOT-Co$_3$(PO$_4$)$_2$-50＜PEDOT＜PEDOT-Ag$_3$PO$_4$-50 这样的趋势。当 Ni$_3$(PO$_4$)$_2$ 或者 Co$_3$(PO$_4$)$_2$ 与 PEDOT 复合后，相对于单独的 PEDOT 的 7.4 Ω·cm^2 的 R_{ct} 值，优化后的 PEDOT-Ni$_3$(PO$_4$)$_2$-50 与 PEDOT-Co$_3$(PO$_4$)$_2$-50 电极获得了明显被减小的 R_{ct}。特别是对于 PEDOT-Ni$_3$(PO$_4$)$_2$-50 电极，其 R_{ct} 值仅为 1.61 Ω·cm^2，与铂电极的 1.39 Ω·cm^2 的 R_{ct} 值非常接近，表明了该杂化膜电极较好的电催化能力。为进一步探索完整器件条件下电化学阻抗的情况，基于 Pt 电极与 PEDOT-Ni$_3$(PO$_4$)$_2$-50 电极的染敏电池在暗态条件下进行电化学阻抗测试。获得的奈奎斯特图被展示在图 4-13 中。对于暗态条件下完成器件的奈奎斯特图而言，高频半圆代表的是电解液/光阳极界面的阻抗，低频半圆代表的是电解液/对电极界面上的阻抗[218,219]。从图 4-13 中可以明显看出，两类完整器件在低频区展示出近乎相同的 R_{ct}，该分析结果与模拟电池的电化学阻抗结果一致。当磷酸镍的加量超出适宜值后，光电表现变差。相应的，其 R_{ct} 也呈现出逐步增大的趋势。详细的 R_{ct} 随磷酸镍加量变化的过程被呈现在图 4-14 中。当磷酸镍的加量达到 70 mg/mL 与 90 mg/mL 时候，对应的 R_{ct} 值分别为 1.9 Ω·cm^2 和 2.25 Ω·cm^2。对于 PEDOT-Ag$_3$PO$_4$-50 电极，其 R_{ct} 值是 15.3 Ω·cm^2，这一数值几乎是单独的 PEDOT 电极的两倍，说明了这种电极非常差的电催化性能。为了更加直观地展示三种磷酸盐之间不同的催化活性，来自单独的 Ni$_3$(PO$_4$)$_2$、Co$_3$(PO$_4$)$_2$、Ag$_3$PO$_4$ 电极的奈奎斯特曲线被展示在图 4-15 中。从图中可以明显看出，相对于 Ni$_3$(PO$_4$)$_2$ 和 Co$_3$(PO$_4$)$_2$、Ag$_3$PO$_4$ 表现出非常大的 R_{ct} 值，这些数据充分有力的说明 Ag$_3$PO$_4$ 差的催化能力。

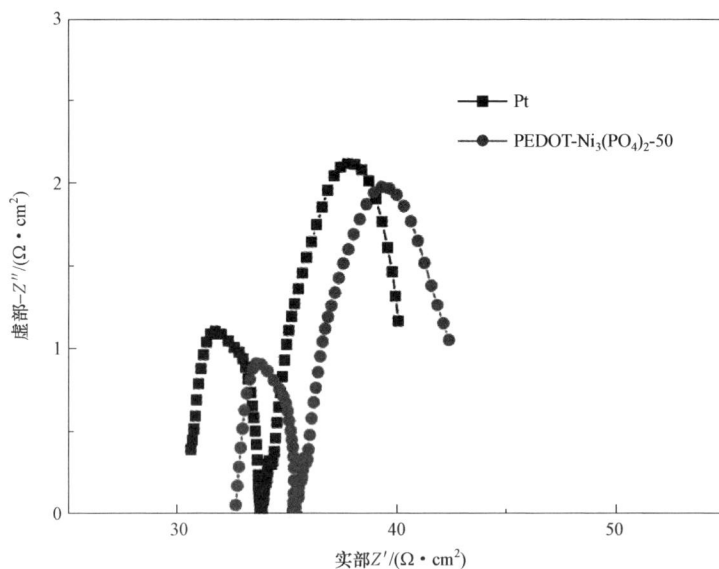

图 4-13　基于 Pt 与 PEDOT-Ni$_3$(PO$_4$)$_2$-50 电极的完整电池的奈奎斯特曲线

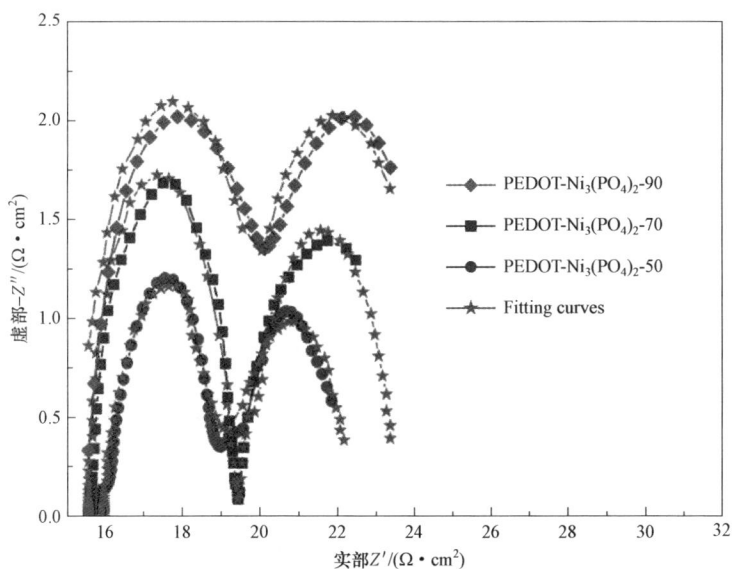

图 4-14　基于变化的 PEDOT-Ni$_3$(PO$_4$)$_2$ 电极的奈奎斯特曲线

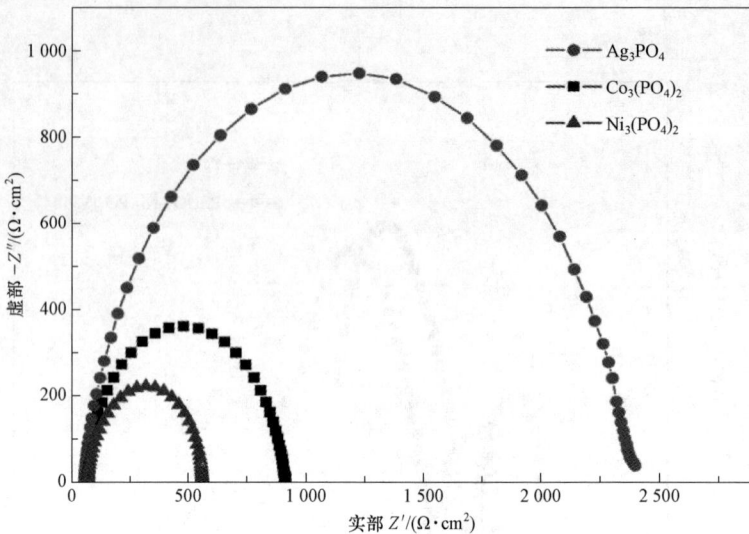

图 4-15 基于单独的三种磷酸盐电极的奈奎斯特曲线

作为电化学阻抗谱的另一个重要部分，波特曲线能够提供电子寿命的信息从而反映出 I_3^- 离子在电极界面的还原速度。电子寿命越短，说明电子被很快的转移到了 I_3^- 电解质上，意味着较快的反应速率。具体的电子寿命值可以通过等式 $\tau = 1/(2\pi f_{max})$ 求得，此处 f_{max} 为波特曲线中的高频峰值[220]。来自五种不同对电极的 Bode 曲线被展现在图 4-16 中，经计算后获得的电子寿命

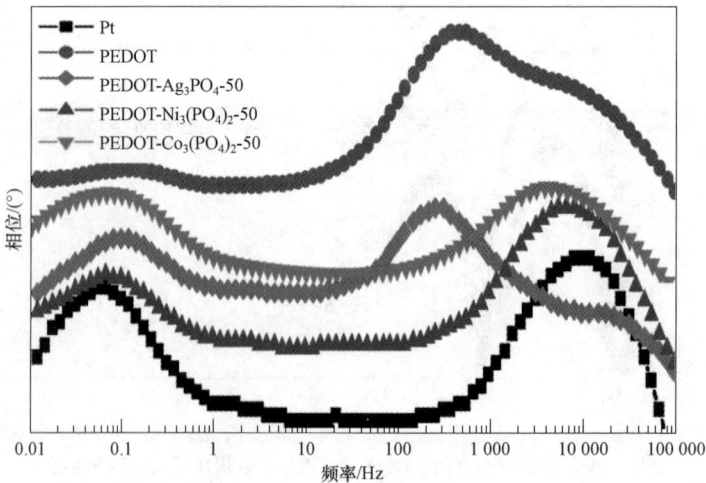

图 4-16 来自五种不同对电极的波特曲线

的数值依次为 Pt(16 µs)＜PEDOT-Ni$_3$(PO$_4$)$_2$-50(23 µs)＜PEDOT-Co$_3$(PO$_4$)$_2$-50(37 µs)＜PEDOT(310 µs)＜PEDOT-Ag$_3$PO$_4$-50(560 µs)。这一结果与上面的对称电池的 R_{ct} 分析完全一致。另外，Pt 电极与 PEDOT-Ni$_3$(PO$_4$)$_2$-50 拥有相近的电子寿命，亦说明了两者间较为相似的电催化能力。

　　循环伏安法被用来直观地探究不同对电极间的电催化能力。高表现的对电极能够有效地快速消耗 I$_3^-$ 离子以防止其与光生电子复合从而影响电催化表现。图 4-17 展示了 5 种不同电极的 CV 曲线。从图中可以看出，除了催化能力极弱的 PEDOT-Ag$_3$PO$_4$-50 电极外，其余几种对电极都表现出典型的两对氧化还原峰。CV 曲线中阴极支还原峰电流的强弱与电极整体的催化性能直接相关，还原峰电流越大，电极的电催化性能越好[221,222]。5 种不同对电极的还原峰电流强度从小到大的顺序如下：PEDOT-Ag$_3$PO$_4$-50＜PEDOT＜PEDOT-Co$_3$(PO$_4$)$_2$-50＜Pt＜PEDOT-Ni$_3$(PO$_4$)$_2$-50。PEDOT-Ni$_3$(PO$_4$)$_2$-50 杂化膜电极拥有最大的还原峰电流强度，这也可能是其光伏表现超过 Pt 电极的主要原因。另外，PEDOT-Co$_3$(PO$_4$)$_2$-50 杂化膜电极与 PEDOT-Ni$_3$(PO$_4$)$_2$-50 杂化膜电极的还原峰电流明显的大于单独的 PEDOT，这也表明经过引入具有

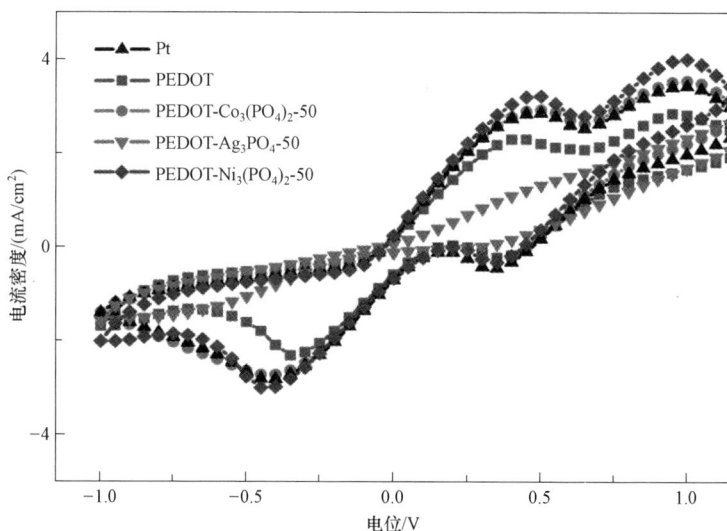

图 4-17　来自五种不同对电极的 CV 曲线

催化活性的磷酸盐后，复合物电极的整体催化能力得到了大幅的强化。至于低表现的 PEDOT-Ag$_3$PO$_4$-50 复合物电极，尽管其同样拥有较为粗糙的表面（从 SEM 中可以观察到），然而由于磷酸银非常差的电催化活性，这些增大的表面大多是非活性的，甚至由于磷酸银的大量存在，使得 PEDOT 导电网络本身也被破坏，进而表现出极弱的电催化性能。

对于一种优秀的对电极而言，能否可靠地长久使用也是评价其优劣的重要指标。图 4-18 展示了 PEDOT-Ni$_3$(PO$_4$)$_2$-50 杂化膜电极连续 50 次循环的 CV 曲线。通过这样一种连续扫描的方式，来检测对电极材料是否会发生变化，进而体现在还原峰电流强度的改变上。从图 4-18 可以看出，该复合物电极在整个循环过程中，所有的还原峰电位以及其电流强度几乎没有发生任何变化，在一定程度上表明这类对电极材料具有良好的抗碘系电解液腐蚀的能力。此外，本研究也将优化的 PEDOT-Ni$_3$(PO$_4$)$_2$-50 杂化膜电极与铂电极组装成密封的完整染敏电池器件，然后将这两个电池放置在敞开的室内环境中来模拟其真实的工作环境，图 4-19 展示了这两个电池在连续 8 天的时间内每日的光伏参数。从图中可以看出，随着时间的延长，两类电池的光伏表现均有一定的衰减，然而杂化膜电池依然表现出与铂电池近乎相同的表现，再次证明其足够好的化学稳定性。

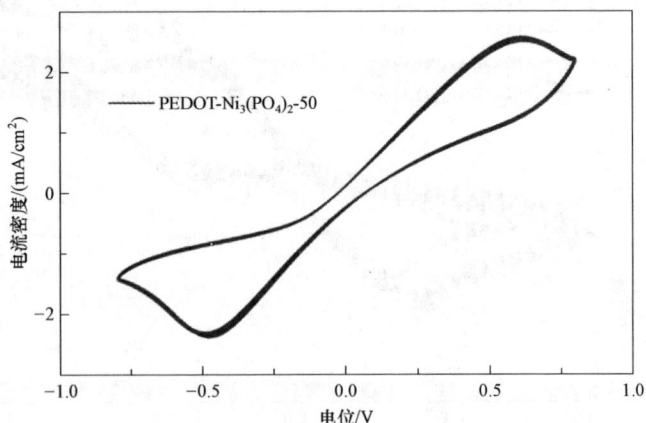

图 4-18　PEDOT-Ni$_3$(PO$_4$)$_2$-50 杂化膜电极连续 50 次的 CV 曲线

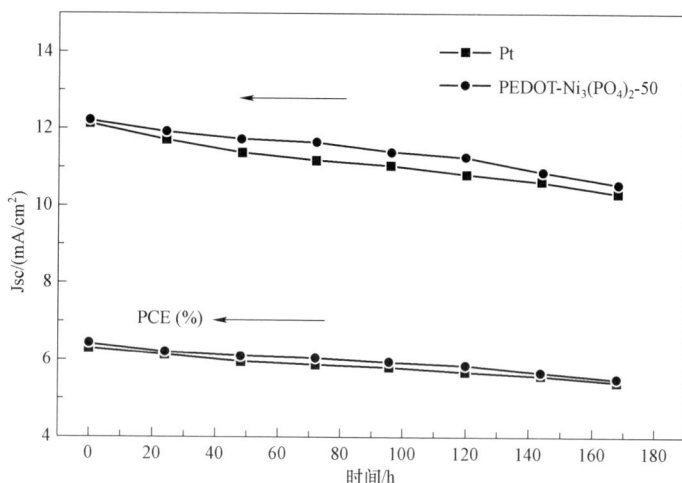

图 4-19　Pt 基电池与 PEDOT-Ni$_3$(PO$_4$)$_2$-50 杂化膜基电池的稳定性测试

Tafel 极化分析可被用来进一步考察电荷在电极/电解液界面转移的情况。PEDOT-Ag$_3$PO$_4$-50、PEDOT、PEDOT-Co$_3$(PO$_4$)$_2$-50、Pt、PEDOT-Ni$_3$(PO$_4$)$_2$-50 五种对电极的 Tafel 曲线被展示在图 4-20 中。一个典型的 Tafel 曲线包括极化区，Tafel 区和扩散区。稳态时的交换电流 J_0 可以通过外延 Tafel 去的阴极支或阳极支上的切线，然后切线与零电位点处的直线的交点即为 lgJ_0。五种不同对电极的 J_0 值呈现出了与 CV 分析中相同的趋势。最好的 PEDOT-Ni$_3$(PO$_4$)$_2$-50 拥有最大的交换电流 5.58 mA·cm^{-2}。

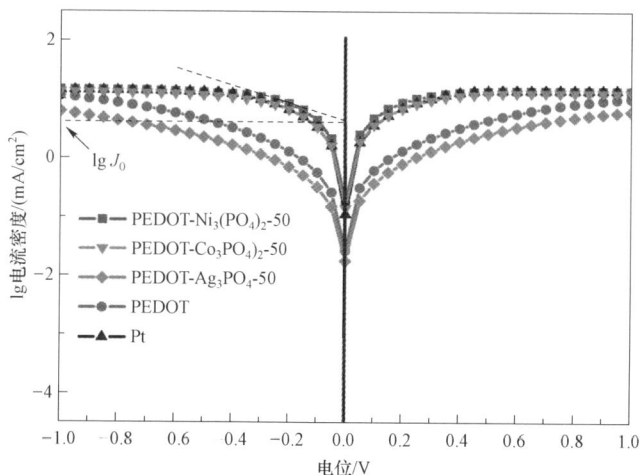

图 4-20　来自五种不同对电极的 Tafel 曲线

4.4 本章小结

通过混合纳米磷酸盐($Ni_3(PO_4)_2$、$Co_3(PO_4)_2$、Ag_3PO_4)与 PEDOT 前驱体,制备出了一系列非铂的杂化膜电极。系统的研究发现,作为添加物的磷酸盐的种类与添加量,显著地影响了杂化膜电极的电催化性能。在制备出的所有的 PEDOT-磷酸盐电极中,PEDOT-$Ni_3(PO_4)_2$-50 杂化电极展现出了最佳的光电转化效率 6.412%,与铂溅射电极的 PCE(6.307%)几乎持平,说明了这种复合物电极对 I_3^-/I^- 氧化还原电对具有较强的催化还原能力。此外,经过多种稳定性考察,证明这种电极坚固耐用。综上,表明通过复合 PEDOT 与具有催化活性的磷酸盐是制备染敏对电极材料的有效方法,并且制备出的这类杂化膜电极有可能作为铂电极的替代品来使用。

第5章 含过渡金属磷化物的电催化膜用作对电极材料

5.1 研究背景

由于具有金属和半导体的双重性质，过渡金属磷化物在不同领域呈现出巨大的利用潜力[223,224]。与其他材料作为 DSSCs 电催化剂的大量报道和深入研究相比，过渡金属磷化物在对电极领域的应用发展缓慢[225,226]。这一研究现状可能是由于磷化物制备工艺复杂，对碘三离子的还原性能相对弱所致。随着制备方法的进步，目前磷化物的制备已经简单可控。另一方面，复合材料技术可以同时结合不同组分的各种优势，进而增强单一材料的电催化能力。磷化物结合其他具有显著电化学活性、稳定性的材料是获得足够有效电催化能力的可行途径。PEDOT 高分子网络可以快速转移电子并具有许多催化位点，一些相关的 PEDOT 基复合电极与 Pt 电极相当。综上所述，由过渡金属磷化物与 PEDOT 组成的复合电极可以拥有足够好的电催化活性。其中 PEDOT 包裹磷化铁纳米棒涂层被证明是超级电容器的高性能负极[227]。然而，PEDOT-磷化物作为 DSSC 的对电极材料尚未见报道。本研究成功地采用低温磷化法合成了过渡金属磷化物 Ni_2P 和 Co_2P[228]，同时通过化学氧化聚合法制备了 PEDOT 聚合物分散液[229]。所得的 PEDOT-Ni_2P 或 PEDOT-Co_2P 杂化膜作为对电极。所有复合膜在 FTO 基底上均表现出良好的附着力。磷化物的浓度对电催化膜的性能有明显影响。复合电极的 *PCE* 值明显高于单个 PEDOT 电极（5.90%）、单个 Ni_2P 电极（3.92%）和 Co_2P 电极（3.41%）。最佳 *PCE*

值出现在 PEDOT-Ni$_2$P-3 电极上，与 Pt 电极的 7.09%平行，达到 7.14%。该新型复合电极具有优异的催化活性和良好的稳定性。

5.2 实验部分

5.2.1 磷化物的制备

所有相关试剂均购自国药化学试剂有限公司，包括单体 3、4-乙氧基二氧噻吩（EDOT）、聚乙烯吡咯烷酮（PVP）、吡啶、吡烷、十二烷基硫酸钠（SDS）、对甲苯磺酸铁、四水乙酸镍（C$_4$H$_6$O$_4$Ni·4H$_2$O）、醋酸钴（C$_4$H$_6$O$_4$Co·4H$_2$O）、氢氧化钠（氢氧化钠）、次磷酸钠（NaH$_2$PO$_2$）等。

PEDOT 是根据第 4 章中的方法合成。将含有 EDOT、PVP、吡啶的乙醇溶液缓慢滴入对甲苯磺酸盐的乙醇溶液中，整个过程保持搅拌状态，制得 PEDOT 产物。Ni$_2$P 和 Co$_2$P 材料的制备采用了温和的水热处理-磷酸化技术。相关制备工艺流程如下：将 30 mL 1 mmol/mL C$_4$H$_6$O$_4$Ni 或 C$_4$H$_6$O$_4$Co 水溶液滴加入 40 mL 6 mmol/mL 氢氧化钠水溶液中。连续搅拌 1 h 后，将混合物转移到 100 mL 不锈钢聚四氟乙烯内衬的高压釜中，并在 100 ℃下加热 24 h。形成沉淀物后经过净化和干燥，然后与 NaH$_2$PO$_2$ 均匀混合，沉淀物与 NaH$_2$PO$_2$ 的摩尔比为 1∶5。随后，粉末在 Ar 气流的保护下，在 300 ℃下以 2 ℃/min 的加热速度进行热处理 2 h。在此过程中，Ni(OH)$_2$ 或 Co(OH)$_2$ 沉淀物与 NaH$_2$PO$_2$ 衍生的磷化氢发生反应，生成 Ni$_2$P 或 Co$_2$P。用去离子水彻底洗涤以去除任何残留盐，然后获得目标磷化物。

5.2.2 电催化膜与 DSSC 的组装

首先，将不同添加量的磷化物与 PEDOT 溶液混合，然后交替搅拌和超声三次，得到分散良好的 PEDOT-磷化物混合物。然后将分散溶液滴到清洗后的 FTO 玻璃基板上，在 1 000 r/min 下旋转涂层 10 s。在室温下空气环境中固化 1 h，将薄膜用乙醇洗涤成无色，然后在 80 ℃的热板上干燥 2 h，得到杂化薄膜电极。为了获得最佳的电催化性能，通过改变磷化物的浓度合成了一系列 PEDOT-磷化物复合膜。复合薄膜根据 PEDOT 分散溶液中磷化物的浓度命名。当 Ni_2P 浓度为 20 mg/mL、40 mg/mL、60 mg/mL、80 mg/mL 时，将相应的薄膜分别标记为 PEDOT-Ni_2P-1、PEDOT-Ni_2P-2、PEDOT-Ni_2P-3 和 PEDOT-Ni_2P-4。Co_2P 基薄膜的命名方法与 PEDOT-Ni_2P 薄膜一致。此外，所有的复合薄膜都是按照相同的工艺制备的。采用磁控溅射法制备了作为参照的 Pt 电极。采用常用的涂层退火方法获得了单一的 Ni_2P 或 Co_2P 电极。简而言之，将 Ni_2P 或 Co_2P 与黏合剂混合并涂在干净的 FTO 衬底上，在 Ar 气氛中退火，从而获得电极。PEDOT-磷化物电极的整个制备过程示意图如图 5-1 所示。

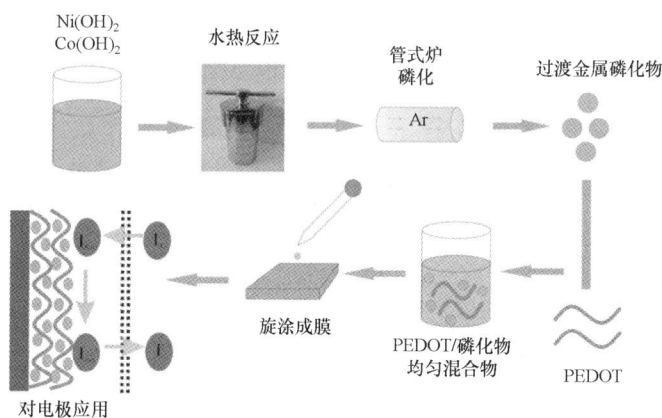

图 5-1　PEDOT-过渡金属磷化物电催化膜的制备流程

　　DSSC 器件的制备采用了广泛使用的光阳极、电解质、对电极三明治结构。具有透明纳米晶层和散射层的二氧化钛薄膜（0.5 cm×0.5 cm）在 500 ℃下退火 30 min。当二氧化钛薄膜冷却到 80 ℃时，将其浸泡在 0.5 mmol/L N719（Dyesol，澳大利亚）无水乙醇溶液（12 h，60 ℃）的染料浴中。采用 30 μm 的 Surlyn 薄膜作为间隔物，分离染料敏化的光阳极和对电极。经过进一步的热压，光阳极和对电极紧密密封在一起。通过对电极背面的孔，用无水乙腈电解质（0.6 mmol/L 1-丁基-3-甲基咪唑碘化物、0.05 mmol/L 碘化锂、0.03 mmol/L I_2、0.5 mmol/L 4-叔丁基吡啶和 0.1 mmol/L 硫氰酸胍）填充电池间隙。在密封孔后，得到了封装的 DSSC。对于对称的模拟电池，它们由两个相同的对电极组成，组装方法与上述 DSSC 一致。

5.2.3　特征分析和测试

通过 X 射线衍射测量和 X 射线光电子能谱研究磷化物粉末的晶体结构和化学组成。采用场发射扫描电镜分析磷化粉末及相关 PEDOT 基薄膜的表面形貌。所有电化学测试包括循环伏安法（CV）、电化学阻抗谱（EIS）和 Tafel 极化分析的电化学测试均在电化学工作站上进行。CV 试验采用三电极体系，制备的电催化膜为工作电极，Pt 线为辅助电极，Ag 线为参考电极的形式进行。该系统中使用的电解质为含 0.1 mmol/L $LiClO_4$、10 mmol/L 碘化锂和 1 mmol/L I_2 的乙腈溶液。在对称的虚拟电池上进行 EIS 和 Tafel 测量，振幅和频率范围分别设置为 10 mV 和 $0.01\sim10^5$ Hz。此外，在标准辐照下记录 DSSC 的典型光电流电压（J-V）特性。为了有效地避免杂散光，在器件测试时，在光阳极表面遮盖了黑色掩模。

5.3　结果与讨论

5.3.1　金属磷化物和电催化膜的表征

用 XRD 检测所生成磷化物的晶体结构。Ni_2P 和 Co_2P 粉末的 XRD 谱如图 5-1a 所示。Ni_2P 的几个主要衍射峰与标准 JCPDF 卡片 03-0953 匹配良好，同时 Co_2P 的衍射峰与标准 JCPDF 卡片 32-0306 完全一致。XRD 分析结果初步表明，成功合成目标产物。为了进一步研究各磷化物的化学成分，本研究对 Ni_2P 和 Co_2P 粉末进行了 XPS 测量，相应的测量光谱如图 5-1b 所示。从图 5-1b 中可以看出，来自 Ni、P 的特征信号在 Ni_2P 谱中表现明显，在 Co_2P

谱中可以检测到来自 Co、P 的特征信号。以上 XRD 和 XPS 的测试数据有力证明了 Ni₂P 和 Co₂P 材料的形成[230,231]。通过 SEM 对 Ni₂P 和 Co₂P 粉末的形貌进行分析，如图 5-2a 和图 5-2b 所示。两种磷化物颗粒均呈现不规则形状并紧密聚集在一起的聚集现象通常归因于磷化过程中的热处理。图 5-3a 和图 5-3b 展示了空白 FTO 玻璃基底和单独 PEDOT 薄膜的 SEM 图。与空白 FTO 衬底相比，图 5-3b 中的 PEDOT 聚合物均匀分布在 FTO 衬底表面，形成连续导电网络。复合膜 PEDOT-Ni2P-3 和 PEDOT-Co2P-3 的 SEM 图像分别为图 5-3c 和图 5-3d。PEDOT 中加入磷化物后，磷化物均匀分散在 PEDOT 基质中，所得的 PEDOT-磷化物膜表面相对粗糙，可能产生更多的碘三离子还原位点[232,233]。同时，与图 5-2a 和图 5-2b 中单个磷化物相比，复合材料中磷

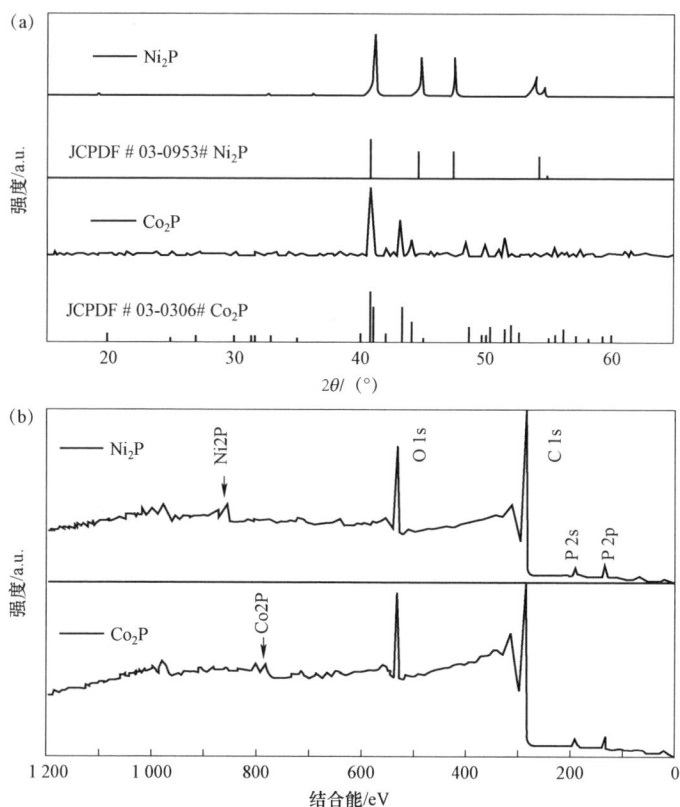

图 5-2　（a）所制备过渡金属磷化物的 XRD 谱；（b）磷化物的 XPS 谱

化物颗粒的聚集现象得到了有效缓解，这有利于暴露出更多的磷化物活性表面，促进碘三离子还原。这些特征都将有助于电催化膜形成优异的电催化能力。此外，所有基于 PEDOT 的薄膜都与 FTO 衬底紧密黏附，表明复合薄膜具有良好的物理稳定性。

图 5-2　所制备 Ni_2P（a）与 Co_2P（b）的 SEM 图

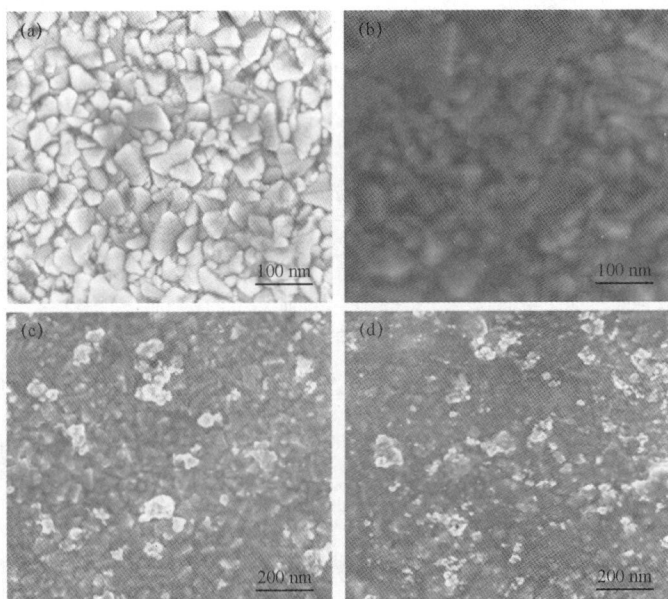

图 5-3　空白 FTO（a）、PEDOT 膜（b）、PEDOT-Ni_2P-3 膜（c）、
PEDOT-Co_2P-3 膜（d）的 SEM 图

5.3.2　磷化物膜电极的光伏性能

　　将单独的 Ni_2P、Co_2P、PEDOT、各种 PEDOT-Ni_2P、PEDOT-Co_2P 电极、Pt 电极都组装成完整的 DSSCs，并通过比较光伏性能来评价每种电极的实际电催化能力。得到的光电流密度-电压（J-V）曲线如图 5-4 所示，短路电流密度（J_{sc}）、开路电压（V_{oc}）、填充系数（FF）、功率转换效率（PCE）等关键光伏参数列于表 5-1。值得注意的是，基于 Ni_2P、Co_2P 电极的电池所产生的 PCE 值较低，而 Ni_2P 电极的性能略高于 Co_2P 电极，揭示了 Ni_2P 和 Co_2P 内在电催化能力的差异。同时，单独 PEDOT 电极的性能也有待提高。相比之

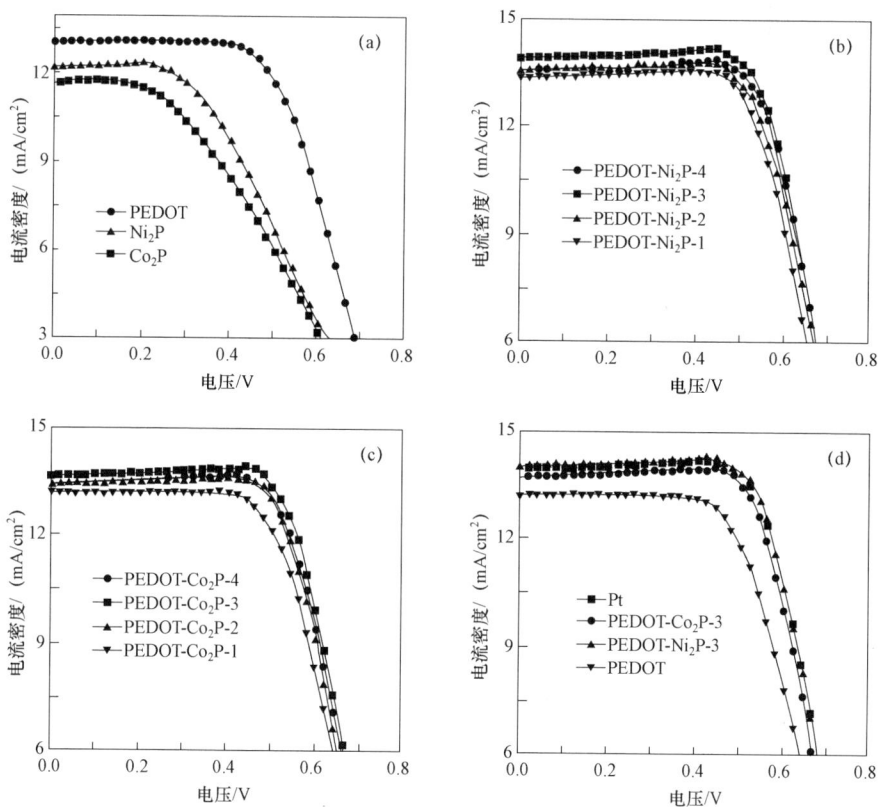

图 5-4　（a）基于单独 Ni_2P、Co_2P、PEDOT 电极所制 DSSC 的光电流密度-电压曲线（J-V 曲线）；（b）基于不同 Ni_2P 电催化膜所制 DSSCs 的 J-V 曲线；（c）基于不同 Co_2P 电催化膜所制 DSSCs 的 J-V 曲线；（d）四类电极所对应电池的 J-V 曲线

下，不同掺杂量的 PEDOT-Ni$_2$P 电极或 PEDOT-Co$_2$P 电极的光伏性能有显著的提高。对于 PEDOT-Ni$_2$P 系列电极，*PCE* 值从 PEDOT 电极的 5.9%逐渐提高到 PEDOT-Ni$_2$P-3 电极的 7.14%。PEDOT-Co$_2$P 系列电极与 PEDOT-Ni$_2$P 电极表现出相似的趋势，PEDOT-Co$_2$P-3 的 *PCE* 为 6.85%。这些结果证明了 PEDOT 和磷化物的复合确实获得了高电催化能力。最佳 PEDOT-Ni$_2$P 电极和最佳 PEDOT-Co$_2$P 电极的区别应归因于 Ni$_2$P 和 Co$_2$P 之间电催化能力的不同。作为参照，在相同的条件下，使用 Pt 电极的 DSSC，对应的 *PCE* 值为 7.09%。为了直观地评价优化后的复合电极的电催化性能，全部的 PEDOT、PEDOT-Ni$_2$P-3、PEDOT-Co$_2$P-3 和 Pt 电极的光伏参数汇总见表 5-2，对应的 *J-V* 曲线如图 5-4b 和图 5-4c 所示。从图 5-4d 可知，优化后的 PEDOT-Ni$_2$P-3 电极具有与昂贵 Pt 电极相当的光伏性能，表明该复合膜是一种很好的替代铂的材料。

表 5-1　基于四类代表性电极所制 DSSCs 光伏参数

对电极	$J_{sc}/$ (mA·cm^{-2})	$V_{oc}/$V	*FF*	*PCE*/%
PEDOT	13.09	0.73	0.61	5.90
PEDOT-Co$_2$P-3	13.61	0.75	0.68	6.85
PEDOT-Ni$_2$P-3	13.91	0.75	0.68	7.14
Pt	13.85	0.75	0.68	7.09

表 5-2　基于全部电极所制 DSSCs 光伏参数汇总

对电极	$J_{sc}/$ (mA·cm^{-2})	$V_{oc}/$V	*FF*	*PCE*/%
Co$_2$P	11.67	0.72	0.40	3.41
Ni$_2$P	12.25	0.73	0.43	3.92
PEDOT	13.09	0.73	0.61	5.90
PEDOT-Ni$_2$P-1	13.35	0.74	0.65	6.51
PEDOT-Ni$_2$P-2	13.59	0.75	0.65	6.75
PEDOT-Ni$_2$P-3	13.91	0.75	0.68	7.14
PEDOT-Ni$_2$P-4	13.56	0.75	0.67	6.98
PEDOT-Co$_2$P-1	13.14	0.74	0.63	6.12

续表

对电极	J_{sc}/（mA·cm^{-2}）	V_{oc}/V	FF	PCE/%
PEDOT-Co_2P-2	13.38	0.74	0.66	6.55
PEDOT-Co_2P-3	13.61	0.75	0.68	6.85
PEDOT-Co_2P-4	13.41	0.75	0.66	6.64

5.3.3 磷化物复合电催化膜的电化学分析

为了研究不同电极中电极/电解质界面上电荷的转移特性，采用两个相同电极组成对称电池进行 EIS 测试。记录的 Pt、PEDOT、PEDOT-Ni_2P-3、PEDOT-Co_2P-3 电极的 Nyquist 图如图 5-5a 所示，得到的电化学数据汇总在表 5-3 中，图 5-5a 中的插图是对称电池相应的等效电路。X 轴上 Nyquist 图高频部分的起始截距决定了器件的串联电阻 R_s，它来源于接触电阻和片电阻[234]。高频区域的半圆代表了电极/电解质界面处的电荷转移电阻 R_{ct}，其与电极的电催化活性密切相关，值越小意味着对碘三离子的电催化活性越高。低频处的半圆表示电解质的能斯特扩散阻抗[235]。作为参照的 Pt 电极的 R_s 值为 8.8 Ω·cm^2，而 PEDOT 电极和 PEDOT-磷化物电极的 R_s 值都低于 Pt 电极，说明 PEDOT 薄膜具有良好的导电性。此外，所有来自不同电极的 R_s 值都在非常窄的范围内变化，因此对电催化性能变化的影响可忽略。对于关键的 R_{ct} 参数，复合薄膜电极的 R_{ct} 值比 PEDOT 电极明显降低，表明通过加入磷化物有效地提高了薄膜整体的电催化活性。此外，最佳的 PEDOT-Ni_2P-3 电极与 Pt 电极（5.5 Ω·cm^2）的 R_{ct} 值近似（5.2 Ω·cm^2），表明两个电极具有相当的电催化能力。为了进一步研究磷化物浓度对复合电极电催化能力的影响，本研究对一系列 PEDOT-Ni_2P 电极进行了详细的 EIS 测试，相关的 Nyquist 谱如图 5-5b 所示。不同电极获得的 R_{ct} 值表现：PEDOT（9.01 Ω·cm^2）＞PEDOT-Ni_2P-1（7.99 Ω·cm^2）＞PEDOT-Ni_2P-4（7.08 Ω·cm^2）＞PEDOT-Ni_2P-2（7.02 Ω·cm^2），其中 PEDOT-Ni_2P-3 电极的 R_{ct} 值最小，顺序与图 5-4b 中 PEDOT-Ni_2P 系列电极的光伏性能完全一致。

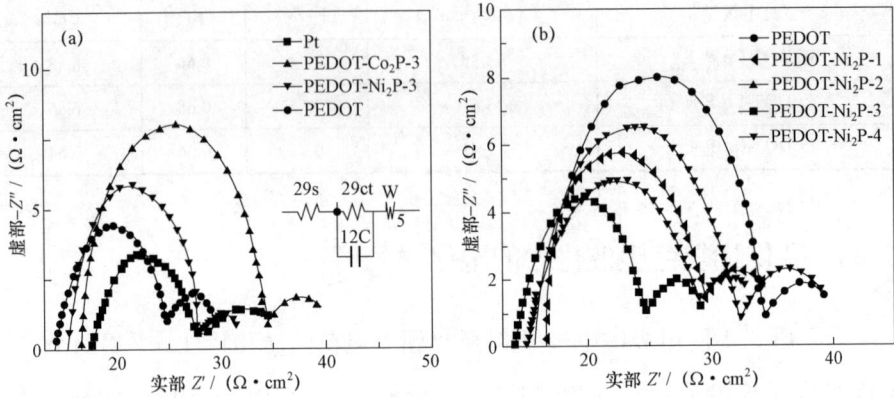

图 5-5 （a）来自 Pt、PEDOT、PEDOT-Ni$_2$P-3、PEDOT-Co$_2$P-3 四类电极的 Nyquist 图；
（b）来自变化的 Ni$_2$P 电极的 Nyquist 图

表 5-3　来自不同电极 EIS 和 Tafel 电催化测试数据

对电极	R_s/（Ω·cm^2）	R_{ct}/（Ω·cm^2）	τ/μs	J_0/（mA·cm^{-2}）
PEDOT	8.2	9.0	41.8	0.21
PEDOT-Co$_2$P-3	7.6	6.4	19.5	0.78
PEDOT-Ni$_2$P-3	7.0	5.2	12.9	1.43
Pt	8.8	5.5	13.7	1.32

　　Bode 图作为 EIS 测量的另一条重要曲线，可以提供有关电子寿命（τ）的信息。电子寿命越短，说明来自外部电路的电子会迅速转移到电解质中，以再生 I$^-$ 离子，即电极具有良好的电催化能力[236]。电子在电极/电解质界面的实际寿命可以根据：$\tau = 1/（2\pi f_{max}）$ 确定，其中 f_{max} 为峰值频率[237]。四个代表性电极的 Bode 图如图 5-6 所示，得到的 τ 值列于表 5-3 中。Pt 电极与最佳的 PEDOT-Ni$_2$P-3 电极之间的 τ 值的区别几乎可以忽略不计，再次证实了所制备的复合电极具有如 Pt 金属一样催化活性。图 5-7 为源自四种电极的 Tafel 极化曲线。通过外推 Tafel 区（120 mV＜|V|＜400 mV）阳极支（或阴极支）曲线切线并读取其与 0 V 处直线的交叉点，可以得到各电极的比交换电流密度

J_0，J_0 值越大，碘三还原性能越好。可以注意到，最佳 PEDOT-Ni$_2$P-3 电极的 J_0 值（1.43 mA·cm^{-2}）与参考 Pt 电极的 J_0 值（1.32 mA·cm^{-2}）相当，突出了 PEDOT-Ni$_2$P-3 复合膜良好的电催化活性。此外，J_0 和 Tafel 电荷转移电阻的关系式为：$J_0 = RT/(nFR_{ct\text{-}Tafel})$，其中 R 为气体常数，F 为法拉第常数，T 为绝对温度，n 为碘/碘三离子还原过程中转移的电子数。由公式可知，J_0 值最大的 PEDOT-Ni$_2$P-3 电极具有最小的 $R_{ct\text{-}Tafel}$，这与前面的 EIS 分析结果吻合。

采用循环伏安（CV）测量方法，研究了不同电极对碘三离子的还原催化行为。记录的四个电极的 CV 曲线如图 5-8 所示。所有 CV 曲线均呈现出两个常规的氧化和还原峰对（R$_{ed\text{-}1}$/O$_{x\text{-}1}$ 和 R$_{ed\text{-}2}$/O$_{x\text{-}2}$）。峰 R$_{ed\text{-}1}$/O$_{x\text{-}1}$ 代表反应 $I_3^- + 2e^- \leftrightarrow 3I^-$，另一个峰 R$_{ed\text{-}2}$/O$_{x\text{-}2}$ 可以被分配到反应 $3I_2 + 2e^- \leftrightarrow 2I_3^-$。DSSC 中的对电极的主要作用是还原碘三离子，因此，R$_{ed\text{-}1}$ 峰较大的还原峰电流密度通常被认为是具有良好电催化能力的特征[238]。在图 5-8 中，PEDOT-Ni$_2$P-3 和 PEDOT-Co$_2$P-3 电极的 R$_{ed\text{-}1}$ 峰值电流密度明显大于单个 PEDOT 电极，表明加入磷化物确实有利于提高催化能力。PEDOT-磷化物复合材料的电催化活性是由于 PEDOT 聚合物优异的导电性和磷化物较好的催化活性的协同作用的结果。并且可以注意到，PEDOT-Ni$_2$P-3 和 Pt 电极的 R$_{ed\text{-}1}$ 峰位点处于一条水平线上。此外，还原峰和氧化峰之间的距离 E_{pp} 也是评价对电极催化性能的关键参数。E_{pp} 值越小，表示氧化还原反应的可逆性越好[239]。最佳 PEDOT-Ni$_2$P-3 电极的 E_{pp} 值为 0.849 V，与 Pt 电极（0.854 V）很接近。从以上 R$_{ed\text{-}1}$ 峰和 E_{pp} 值的比较结果表明，PEDOT-Ni$_2$P-3 复合电极具有优越的电催化性能。此外，电化学稳定性在实际应用中被认为是一个重要的特性。通过连续循环伏安对复合电极进行评估[240]。对 PEDOT-Ni$_2$P-3 电极进行 50 次连续循环伏安测试，得到的曲线如图 5-9 所示。PEDOT-Ni$_2$P-3 电极在循环过程中保持了稳定的 CV 线型，说明其具有长期的电化学稳定性。进一步评估了 PEDOT-Ni$_2$P-3 电极在完整 DSSC 中的耐久性，并总结了在没有特殊保护的情况下暴露于空气中的电池的光伏参数（J_{sc}，PCE）。如图 5-10 所示，PEDOT-Ni$_2$P-3 电池的数据与 Pt

基电池的变化趋势相同，表明 PEDOT-Ni$_2$P-3 电极在实际应用中与 Pt 具有相同的可靠性。

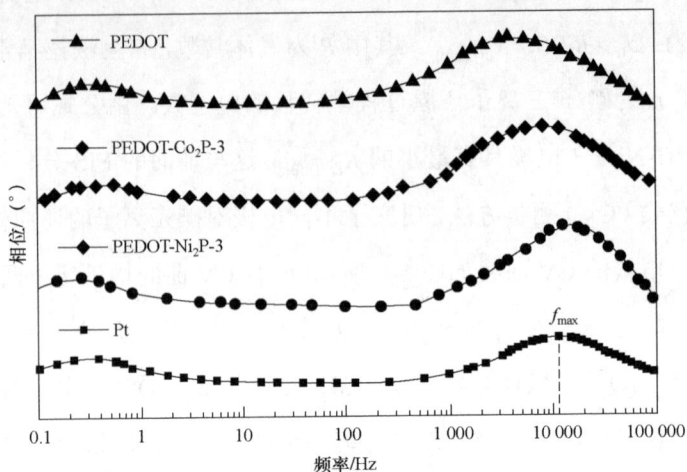

图 5-6　来自 Pt、PEDOT、PEDOT-Ni$_2$P-3、PEDOT-Co$_2$P-3
四类电极的 Bode 图

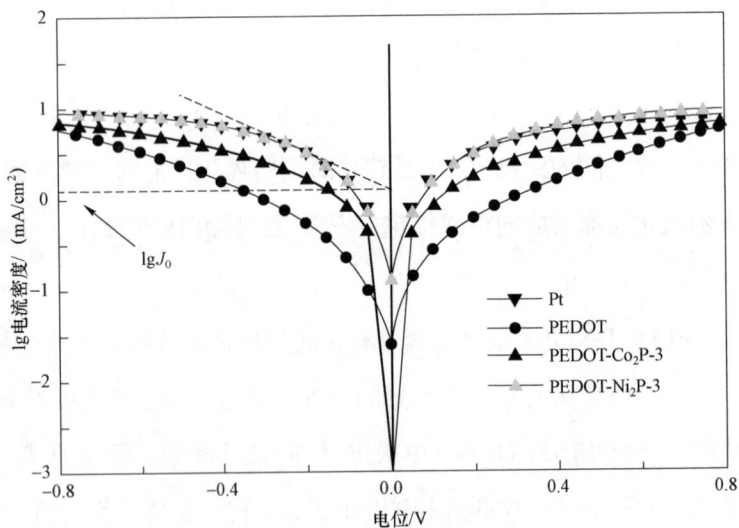

图 5-7　来自 Pt、PEDOT、PEDOT-Ni$_2$P-3、PEDOT-Co$_2$P-3
四类电极的 Tafel 曲线

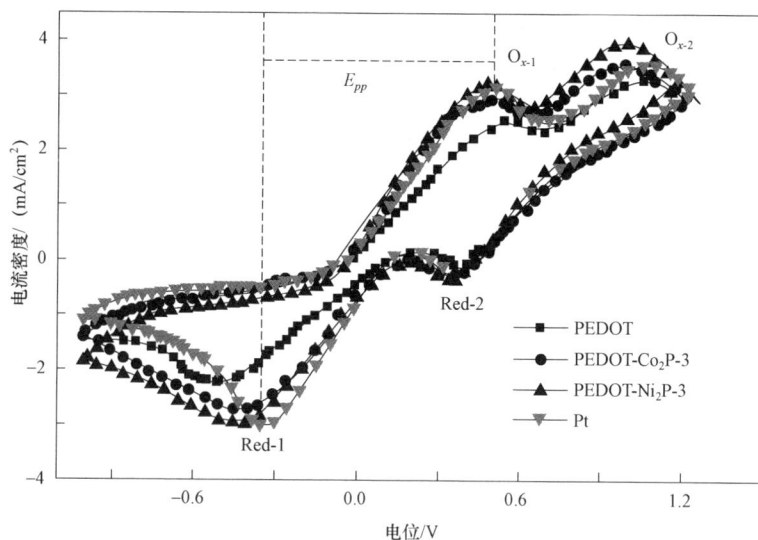

图 5-8　Pt、PEDOT、PEDOT-Ni$_2$P-3、PEDOT-Co$_2$P-3
四类电极的 CV 测试曲线

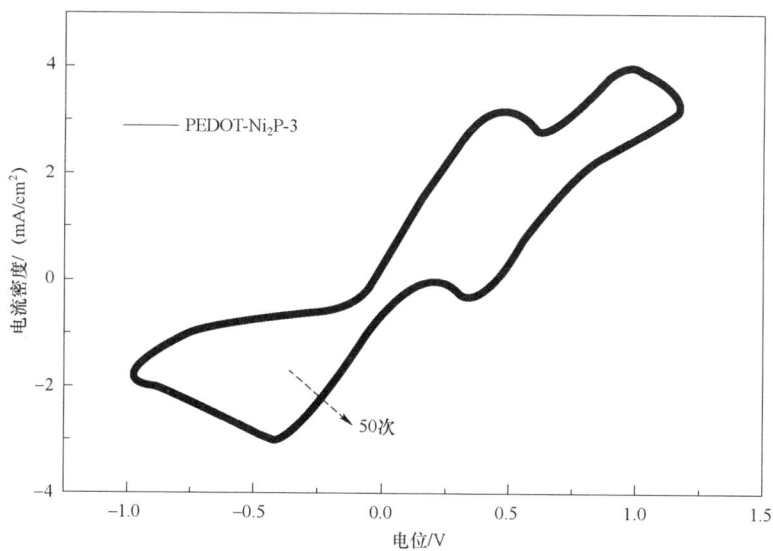

图 5-9　PEDOT-Ni$_2$P-3 电极在扫速 50 mV^{-1} 下连续 50 次
CV 测试曲线

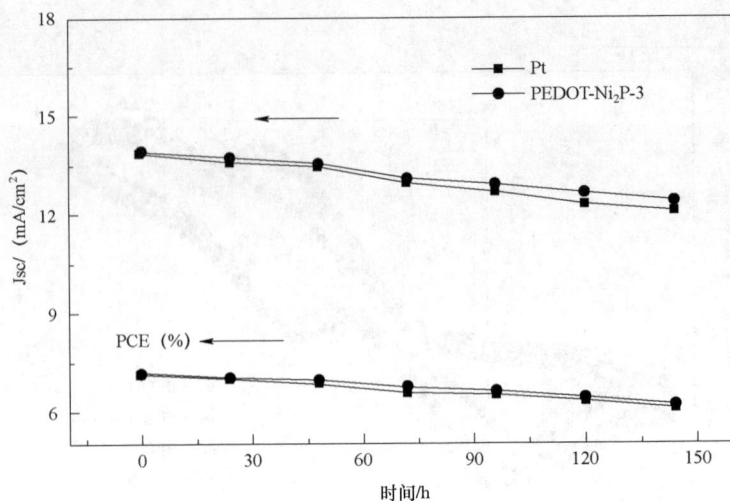

图 5-10　基于 Pt、PEDOT-Ni$_2$P-3 电极所制 DSSC 的使用稳定性比较

5.4　本章小结

　　将过渡金属磷化物颗粒与高导电性的 PEDOT 聚合物通过温和有效的方法结合，制备的复合膜作为 DSSC 的对电极，其电催化性能显著提高。电化学性能的增强可归因于磷化物颗粒的引入增加了催化位点。在所有 PEDOT-磷化物薄膜电极中，优化后的 PEDOT-Ni$_2$P-3 电极的 *PCE* 为 7.14%，而 Pt 电极的 *PCE* 为 7.09%。电化学测试表明，该复合膜具有较小的电荷转移电阻和较大的还原峰电流密度，证明了其优异的电还原能力。此外，复合电极具有可靠的化学稳定性，因此获得的 PEDOT-磷化物复合膜电极可能具有大规模应用的前景。

第6章 三元 NiCoP 纳米颗粒复合碳纳米管用作对电极材料

在本章中，通过温和的共沉淀法和磷化法，制备了 NiCoP 纳米颗粒与 NiCoP/碳纳米管（CNTs）复合物，并将其用作染敏电池的对电极材料。经过光伏效果的比较后，其中最优的 NiCoP-CNTs-3 复合物电极获得了 7.24% 的光电转化效率，超过了单独的 NiCoP 电极（4.71%）或单独的 CNTs 电极（6.05%），略优于在相同测试条件下 Pt 电极 7.12% 的能量转化效率。复合物电极的电化学性质通过电化学阻抗，塔菲尔极化，循环伏安等进行分析，结果表明该电极对 I_3^-/I^- 氧化还原电对具有非常好的电催化能力，另外该复合物电极在使用过程中亦表现出良好的可靠性。这类新型复合物材料很有潜力成为一种高效非铂对电极。

6.1 研究背景

由于拥有与氢化酶类似的催化机制以及良好的使用稳定性，过渡金属磷化物作为有效的析氢催化剂已经得到了广泛的应用[241,242]。然而关于过渡金属磷化物在染敏太阳能电池方面的应用，则相对较少。Chen 等合成了一系列的 Ni_2P/碳复合物，基于这类材料的染敏电池取得了超过铂基电池的能量转化效率[243]。Gao 等制备了 $Ni_{12}P_5$/石墨烯复合物对电极并且取得了类似于 Pt 电极的光电效率[244]。Wu 等提出了多孔碳支撑的 Ni_5P_4/碳复合物电极，这类电极的表现非常接近于 Pt 电极[245]。然而这些研究主要集中在二元磷化物的使

103

用。与此同时，一些三元的过渡金属化合物在染敏电池对电极领域亦展示出良好的应用表现。例如，由于 Ni^{2+} 离子与 Co^{2+} 离子之间的相互作用以及两者间可能的共价键[246]，Ni_xCo_yS 或 Ni_xCo_yO 材料拥有优越的电催化性能并且可以经受长时间的使用。Sun 等报道了能量转化效率可以超过 Pt 电极的 $NiCo_2S_4$ 电极，并且该电极具有令人满意的电化学与机械稳定性[155]。Lin 等将 $NiCo_2O_4$ 用作了染敏电池的对电极电催化剂，相关的光电表现几乎等同于 Pt 电极[247]。

对比于三元过渡金属硫化物或三元过渡金属氧化物的应用情况，关于三元过渡金属磷化物作为染敏电池对电极的报道则少之又少。在本章中，通过一些简单的制备方法，获得了三元的过渡金属磷化物 NiCoP 纳米颗粒以及其衍生的复合物 NiCoP/碳纳米管。将这些制得的材料用作染敏电池的电催化剂时，表现出了类似于铂电极的能量转化效率。

6.2　实验部分

6.2.1　NiCoP 纳米颗粒复合碳纳米管的制备

材料：乙酸镍（$C_4H_6O_4Ni \cdot 4H_2O$），乙酸钴（$C_4H_6O_4Co \cdot 4H_2O$），氢氧化钠（NaOH），次亚磷酸钠（NaH_2PO_2）均购自国药试剂。羧基化的碳纳米管购自苏州碳丰科技公司。所用的试剂均被直接使用，没进行其他纯化。NiCoP/碳纳米管复合物材料的制备流程总体上根据文献报道的方法完成，一些部分做了改动[248]。下面对复合物的整个合成过程做详细说明。

首先是通过共沉淀法合成 $Ni_{0.5}Co_{0.5}(OH)_2$/CNTs 前驱体。9.6 g 的氢氧化钠缓慢地倒入 30 mL 已经分散好的 2 mg/mL 的 CNTs 水溶液中，然后将该混合溶液超声 30 min 后，保持搅拌状态，它被命名为 A 溶液。乙酸镍和乙酸钴按照 Ni^{2+} 离子与 Co^{2+} 离子摩尔比为 1：1 的量溶解在 30 mL 的去离子水中，它被记做溶液 B。然后将溶液 B 缓慢滴加到溶液 A 中，室温下持续搅拌 1 h

后，再将该混合溶液倒入 100 mL 的水热反应釜中，100 ℃下保温反应 24 h。获得的沉淀经离心后，用大量的水与乙醇清洗，放置于 60 ℃真空干燥箱中干燥过夜，获得所需前驱体。$Ni_{0.5}Co_{0.5}(OH)_2$ 前驱体的制备方法与上述过程相同，只是在反应液中没加入 CNTs 而已。第二步，将制备出的前驱体进行磷化处理。将 $Ni_{0.5}Co_{0.5}(OH)_2$/CNTs 前驱体与次亚磷酸钠按照质量比为 1 : 5 分别放置在干净的石英舟的两端。将该石英舟置于管式炉中，并确保次磷酸钠处于管式炉中 Ar 保护气流动的上风向。热处理的条件为 2 ℃/min 升温到 300 ℃并保温 2 h。当逐步冷却到室温后，获得了目标产物。溶液 B 中加入的 Ni^{2+}离子与 Co^{2+}离子两者总的摩尔数分别为 5 mmol/L、10 mmol/L、15 mmol/L、20 mmol/L。获得的对应产物分别被命名为 NiCoP-CNTs-1、NiCoP-CNTs-2、NiCoP-CNTs-3 以及 NiCoP-CNTs-4。复合材料的整体制备流程示意图被展示在图 6-1。

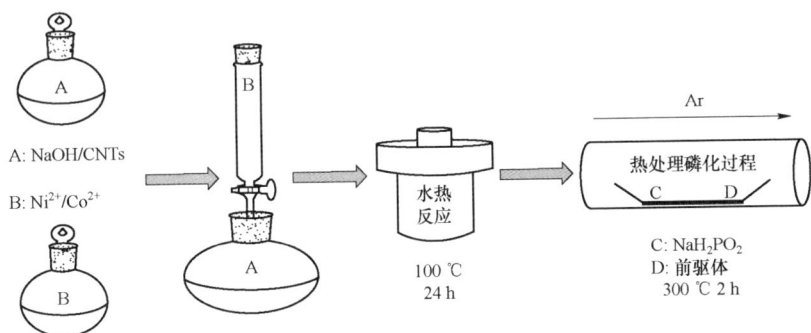

图 6-1　复合材料的制备流程图

6.2.2　电极的制备与器件的组装

电极的制备依然采用常见的刮涂法。30 mg 的每种活性物质（NiCoP，CNTs，NiCoP-CNTs）以及 1 mL 的黏结剂被倒入玛瑙研钵中，不断研磨直到形成非常均匀的浆料。所使用的黏结剂由乙基纤维素，松油醇，乙醇按照质量比为 1 : 8 : 9 长时间搅拌配置而成。将导电的 FTO 导电面朝上，然后使用 50 μm 厚的聚酰亚胺胶带固定 FTO 玻璃的两端，将研磨好的活性物质浆料滴在两条胶带形成的小凹槽中，使用载玻片反复刮涂，直到形成平整光滑的表面。然后去掉固定用的胶带，将载有复合物的 FTO 玻璃放在 80 ℃的热平台上低温烤制，待复合物薄膜烘干后，将其置于管式炉中退火。使用不同层数的胶带可以控制复合物薄膜的厚度，此论文中均为单层胶带。另在低温预烤制过程中，升温要缓慢，防止出现由于升温过快导致薄膜表面褶皱。管式炉中的热退火过程是在 Ar 气保护下完成。退火条件为 450 ℃下保温 30 min。退火的作用是将薄膜复合物中的乙基纤维素碳化以及使薄膜层更好的黏附在导电基底上。经退火后，获得了所需要的目标对电极。作为参比的 Pt 电极通过磁控溅射制备。

染敏太阳能电池的组装依然采用典型的三明治结构。使用 30 μm 厚的 Surlyn 膜隔离光阳极与对电极，将电解液注入夹缝中，密封电池，即可进行光伏测试。此处所用的电解液与前述章节相同。

6.2.3　表征与测试

合成材料的晶型结构由 XRD 来进行分析。XPS 被用来研究合成产物的化学元素组成。材料的表面形貌通过 FE-SEM 来进行表征。循环伏安，电化学阻抗，塔菲尔极化这些测试均在电化学工作站完成，所需工作条件与前述章节相同。染敏电极的测试在辐射功率为 $100\ mW \cdot cm^{-2}$ 的太阳光模拟器下完成。由于仪器存在长时间使用后，发光变弱的情况。为此，在每次进行染敏电池测试前，先使用标准的硅电池进行光源的校正，确保输出的光能为标准的 AM1.5G。

6.3　结果与讨论

6.3.1　材料的表征

合成材料的 XRD 图被展示在图 6-2a 中。制备的 NiCoP 样品的所有 XRD 衍射峰几乎与标准的 Ni_2P（JCPDF，03-0953）完全相同，并且不存在归属于其他磷化物的特征峰[248]。当碳纳米管被引入反应过程后，在制备出的 NiCoP/CNTs 复合物中，仍然存在非常明显的来自 NiCoP 的尖锐峰，与此同时，复合物也呈现出了较为宽化的来自碳纳米管的特征峰，说明了三元磷化物与 CNTs 在复合物中较好地共存。为进一步了解制备材料的化学组分，使用 XPS 对合成的 NiCoP-CNTs 复合物进行分析，相关结果被呈现在图 6-2b。图中，NiCoP-CNTs 复合物展示出了来自 Ni2p（853.2 eV），Co2p（778.2 eV），C1s（284.6 eV）以及 P2p（129.6 eV）的特征峰，确认了目标产物被成功合成。图 6-2c 和图 6-2d 展示了来自 NiCoP 以及 NiCoP-CNTs-3 的 FE-SEM 图。从图 6-2c 中可以看到，NiCoP 颗粒彼此之间相互卡在一起，它们的平均粒径

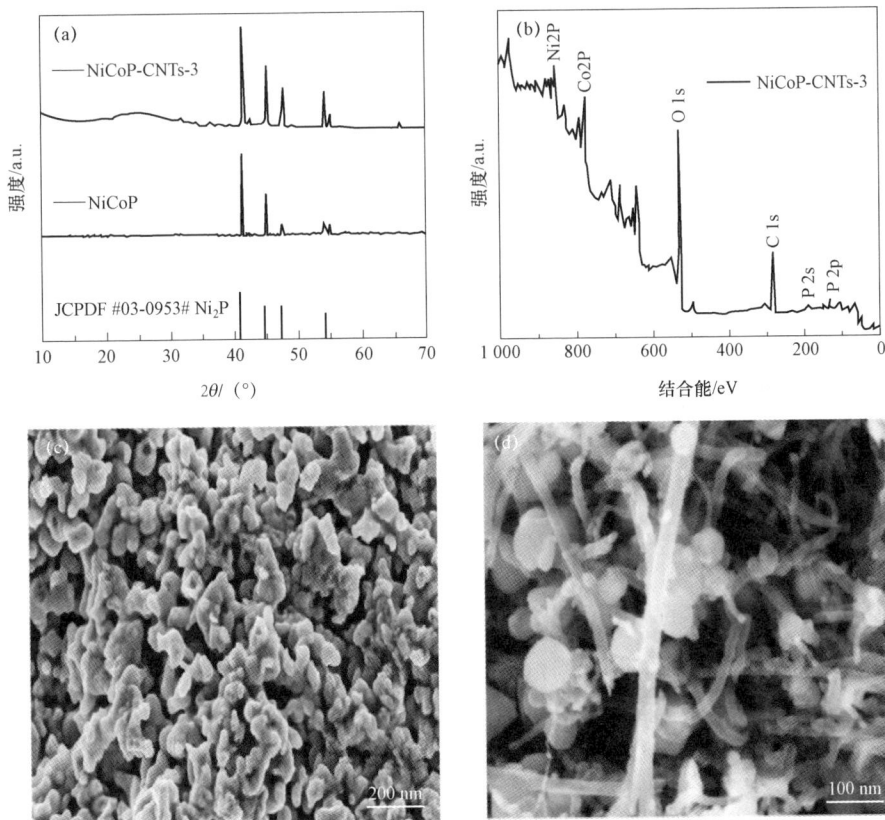

图 6-2　（a）合成材料的 XRD 图；（b）NiCoP-CNTs-3 复合物的 XPS 图；（c，d）NiCoP 颗粒以及 NiCoP-CNTs-3 复合物的 FE-SEM 图

大约在 100 nm 附近。团聚可以说是所有纳米材料经热处理后常见的现象。对于图 6-2d 中的 NiCoP-CNTs-3 复合材料，NiCoP 纳米颗粒与碳纳米管互相无序地混合在一起，并且由于 CNTs 的存在，复合物中 NiCoP 纳米颗粒的团聚现象相较于单独存在的 NiCoP 颗粒在一定程度上得到了缓解。形成的 CNTs 网络结构有利于电子的快速传输以及电解液与催化材料之间的密切接触。另发现少部分的 NiCoP 纳米颗粒紧密地贴合在碳纳米管的表面，这样独特的材料结构可能促进材料整体电催化性能的提升[249]。

6.3.2   基于 NiCoP 复合碳纳米管对电极的染料敏化电池表现

已合成材料的具体电催化性能通过将其组装成染敏太阳能电池来进行评价。基于单独的 NiCoP 电极的染敏电池的 J-V 曲线被展示在图 6-3 中，该电池给出了短路电流密度 12.93 mA·cm^{-2}，开路电压 0.75 V，填充因子 0.48，能量转化效率 4.71%这样的光伏表现。从参数中可知，电池的填充因子相对较低，而较低的填充因子导致了电池比较低下的能量转化效率。低填充因子的起因可能来源于 NiCoP 材料本身较差的电子导电率，以及由于团聚引起的大颗粒不利于电解液与材料活性位点的接触。通过复合碳纳米管后，获得的复合材料电极展示出了与单独的 NiCoP 电极完全不同的光电表现。基于多种 NiCoP-CNTs 复合电极的染敏电池的 J-V 曲线被展示在图 6-3 中，相关的光伏参数被总结在表 6-1 中。获益于碳纳米管良好的电子导电率，所有的使用 NiCoP-CNTs 复合电极的染敏电池的填充因子都得到了有效的提高，基于复合物电极的 PCE 均超过了单独的 NiCoP 电极。特别是 NiCoP-CNTs-3 复合电极展示出了令人满意的光伏参数，如短路电流密度 13.94 mA·cm^{-2}，开路电压 0.75 V，填充因子 0.69，能量转化效率 7.24%。为进一步比较最优的 NiCoP-CNTs-3 复合电极与 Pt 电极的光伏表现，来自 Pt 电极以及单独的 CNTs 电极的 J-V 曲线被呈现在图 6-4 中，对应的光伏参数被罗列在表 6-2 中。通过表中参数的对比，可以看出优化的 NiCoP-CNTs-3 复合电极展现出了与 Pt 电极相近的光电表现，说明了该复合物材料可以作为高效的非铂对电极催化剂来使用。

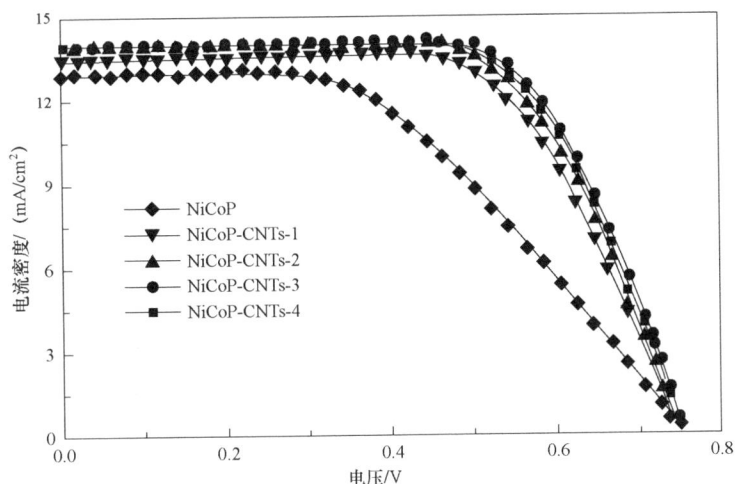

图 6-3　基于单独的 NiCoP 电极，NiCoP-CNTs 复合电极的染敏电池的 *J-V* 曲线

表 6-1　基于不同对电极的染敏电池的光伏参数

对电极	J_{sc}/（mA·cm^{-2}）	V_{oc}/V	FF	PCE/%
NiCoP	12.93	0.75	0.48	4.71
NiCoP-CNTs-1	13.40	0.74	0.66	6.64
NiCoP-CNTs-2	13.91	0.74	0.66	6.94
NiCoP-CNTs-3	13.94	0.75	0.68	7.24
NiCoP-CNTs-4	13.91	0.75	0.67	7.09

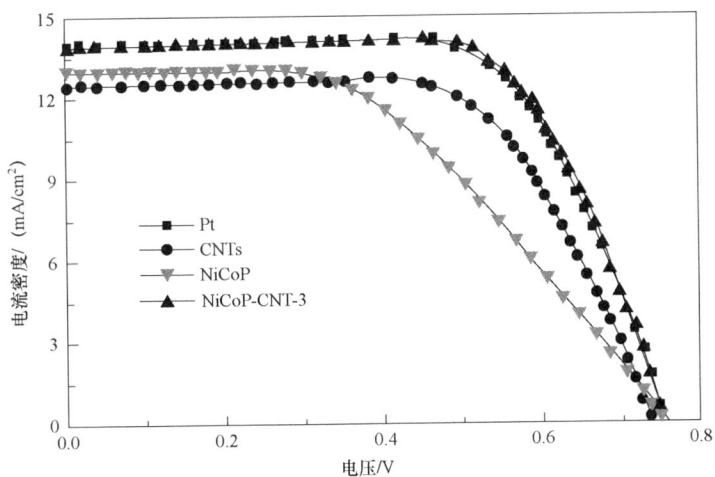

图 6-4　基于单独的 NiCoP 电极，CNTs 电极，NiCoP-CNTs-3 复合电极以及 Pt 电极的染敏电池的 *J-V* 曲线

109

表 6-2　基于 4 种不同对电极的染敏电池的光伏参数

对电极	$J_{sc}/$ (mA · cm^{-2})	$V_{oc}/$V	FF	PCE/%
CNTs	12.45	0.74	0.65	6.05
NiCoP	12.93	0.75	0.48	4.71
NiCoP-CNTs-3	13.94	0.75	0.68	7.24
Pt	13.88	0.75	0.68	7.12

6.3.3　对电极的电化学评价

电化学阻抗与塔菲尔极化被实施在模拟的对称电池上，可以用来分析不同对电极间的电化学特性。来自 NiCoP 电极，CNTs 电极，NiCoP-CNTs-3 复合电极以及 Pt 电极的奈奎斯特图被展示在图 6-5 中，获得的相关电化学参数被总结在表 6-3。所有的奈奎斯特图均由两个半圆弧构成。左边的高频半圆在实轴上的起始截距，代表了对电极薄膜整体的串联阻抗 R_s。高频半圆的跨度大小与对电极对 I$_3^-$ 的还原能力呈反相关关系。R_{ct} 代表了高频半圆的跨度，对电极的 R_{ct} 值越小，说明其催化活性越强。右边的低频半圆代表了电解液的扩散阻抗（W）。相对于单独的 NiCoP 电极与 CNTs 电极，复合电极 NiCoP-CNTs-3 表现出较小的 R_{ct} 值，说明通过复合 NiCoP 颗粒与碳纳米管可以有效改善电极的电催化能力。通过掺杂 CNTs，获得的复合物的电子导电率被明显改善，这样便有助于电极还原能力的提高。另外，复合物电极 NiCoP-CNTs-3 的 R_{ct} 值为 5.41 Ω · cm^2，轻微的超过了 Pt 电极 6.91 Ω · cm^2 的 R_{ct}。这样的数据比较说明了 NiCoP-CNTs-3 复合电极出众的电催化能力，从而使得该复合电极能够成为 Pt 电极的替代物。另一方面，电化学阻抗中的波特曲线可以提供关于电子寿命（τ）的信息，如图 6-6 所示。每种电极具体的电子寿命可以通过等式 $\tau=1/$（$2\pi f_{max}$）获得，等式中的 f_{max} 的为波特曲线高频区的峰值频率。电子寿命越短，催化反应越快，意味着电极的催化能力越强。不同对电极的 τ 值呈现出 NiCoP-CNTs-3＜Pt＜CNTs＜NiCoP 趋势，再次确认了复合物电极良好的催化性能。

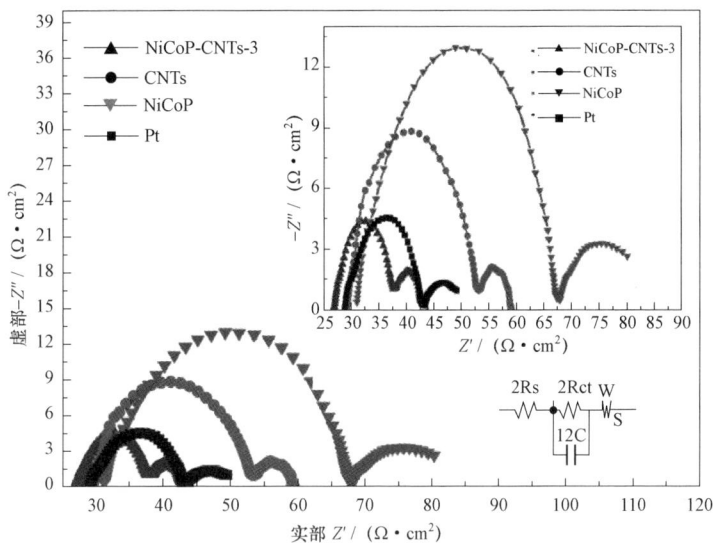

图 6-5　四种不同对电极的奈奎斯特图，插图为起点放大图以及对应的等效电路

表 6-3　基于不同对电极的电化学参数

对电极	R_s/ $(\Omega \cdot cm^2)$	R_{ct}/ $(\Omega \cdot cm^2)$	$\tau/\mu s$	J_0/ $(mA \cdot cm^{-2})$
CNTs	15.21	12.31	164.6	1.33
NiCoP	16.08	18.52	90.5	0.58
NiCoP-CNTs-3	14.01	5.41	13.58	3.63
Pt	15.03	6.91	17.9	3.59

图 6-7 展示了来自 4 种不同电极的 Tafel 曲线。Tafel 极化分析被用来进一步深入地辨别不同电极间催化能力的差异。外延 Tafel 区的阴极或者阳极曲线，其与零点位处垂线的交点，可以被认为是 $\lg J_0$。一般认为交换电流 J_0 越大，代表对电极的电催化能力越强。优化的 NiCoP-CNTs-3 复合电极的 J_0 值是 3.63 mA $\cdot$ cm^{-2}，与 Pt 电极的 J_0 值 3.59 mA $\cdot$ cm^{-2} 几乎相同。另外，根据 Tafel 曲线中扩散区的扩散电流 J_{lim}，通过公式 $D_n = lJ_{lim}/(2nFC)$ 可以求得电解液的扩散系数 D_n，该式中 F 为法拉第常数，n 为反应过程中交换的电子数，C 为 I_3^- 离子的浓度，l 为两个对电极之间的距离。扩散系数 D_n 对电极表面还

原反应速度的快慢有着重要影响[250]。D_n 越大说明在相同时间内，有更多的离子移入或迁出电极表面，这样便更有利于催化反应的进行。复合物电极 NiCoP-CNTs-3 的扩散电流 J_{lim} 几乎与 Pt 电极的 J_{lim} 完全相同，意味着两者间较为接近的电化学反应速率。

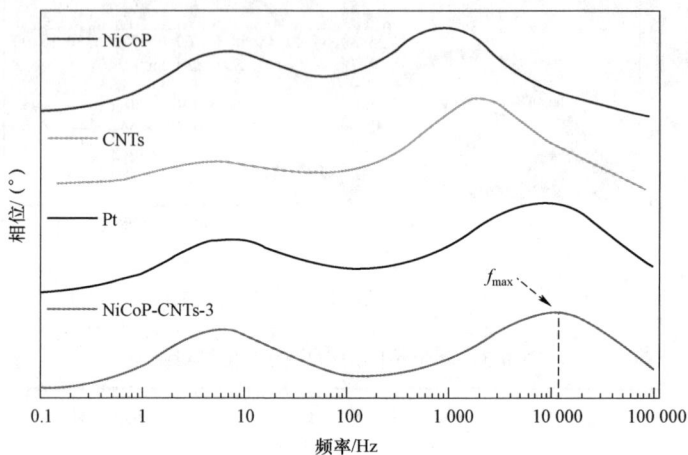

图 6-6　四种不同对电极的 Bode 曲线

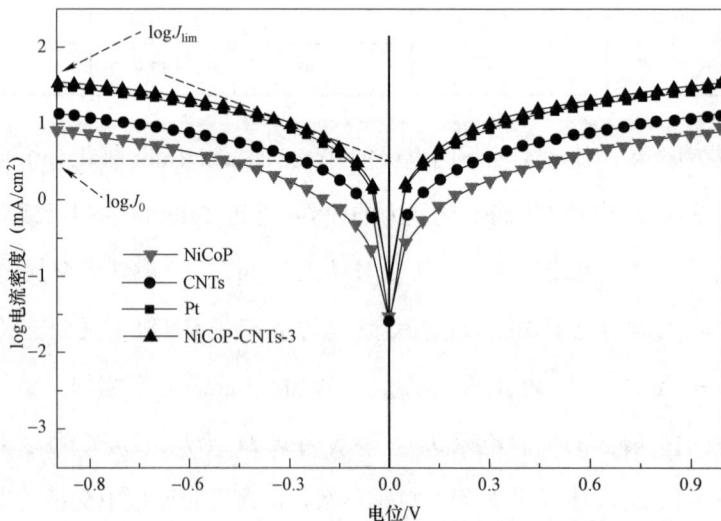

图 6-7　来自不同对电极的 Tafel 曲线

对电极的本征电催化性能可以通过循环伏安分析（CV）得以直观的体现。
图 6-8 展示了来自不同对电极的 CV 曲线。在伏安图中，左边的还原峰代表了
反应 $I_3^- + 2e^- = 3I^-$，较大的还原电流意味着对电极较好的电催化能力[251]。尽
管缺乏像 Pt 电极那样完整的两对氧化还原峰，不同对电极的 CV 曲线仍然存
在着较为显著的差别。复合物电极 NiCoP-CNTs-3 的 CV 还原峰电流明显大于
单独的 NiCoP 电极以及单独的 CNTs 电极，说明将 NiCoP 纳米颗粒与 CNTs
两种材料经过一定比例的复合后，新制材料的电催化能力得到有效的加强。
另外，相对于作为参比的 Pt 电极，复合物电极的 CV 还原峰与 Pt 电极的 CV
还原峰大致处于同一水平线附件，体现出两电极间几乎等同的还原能力，这
也是基于复合物电池的染敏电池的光电表现近似于铂基电池的重要原因。除
了杰出的电催化性能，可靠的稳定性对于电极的实际应用具有更为重要的作
用。连续的循环伏安测试常被用来检测电极的化学稳定性，如果在连续扫描
过程中，电极表面的催化层物质发生反应而改变或者出现脱落等，则会导致
CV 曲线的线型或者还原峰的位置发生移动。图 6-9 给出了复合物电极
NiCoP-CNTs-3 在 $50\ mV\ s^{-1}$ 的扫描速率下连续进行 50 次循环的 CV 曲线。观
察图中的 CV 线型以及还原峰的位置，几乎没有任何可以监测到的变化，表明
了复合物电极良好的电化学与物理双重稳定性。电极在电池器件中的应用情
况，能提供更多的关于电极实际使用的信息。将复合物电极 NiCoP-CNTs-3
以及 Pt 电极分别组装到两个完全密封的染敏电池中，然后将这两个电池放
在不做保护的自然环境内，在连续 10 天的时间内每天进行一次光伏测试，
所获得的主要光伏参数短路电流密度 J_{sc} 与能量转化效率 PCE 被总结在
图 6-10。从图中可以看出，两种电池随着时间的延长，均表现出了相同的
趋势。通过这样的长时间电池应用表现，更加证明了该复合物电极具有令人
满意的实际使用性能，从而为其走向实用化，成为 Pt 电极的有效替代物提
供充足的数据支撑。

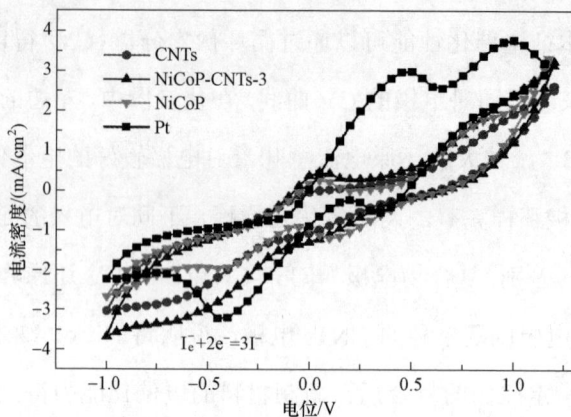

图 6-8　四种不同对电极的 CV 曲线

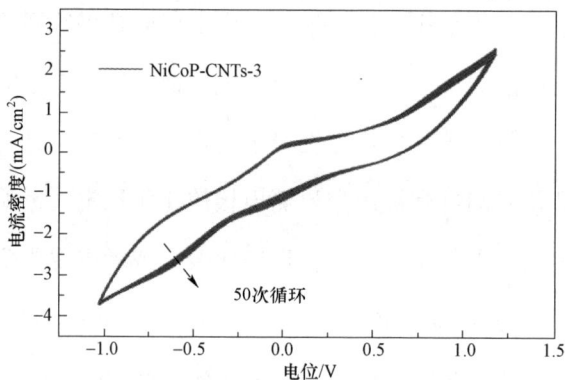

图 6-9　复合物电极 NiCoP-CNTs-3 连续 50 次的 CV 曲线

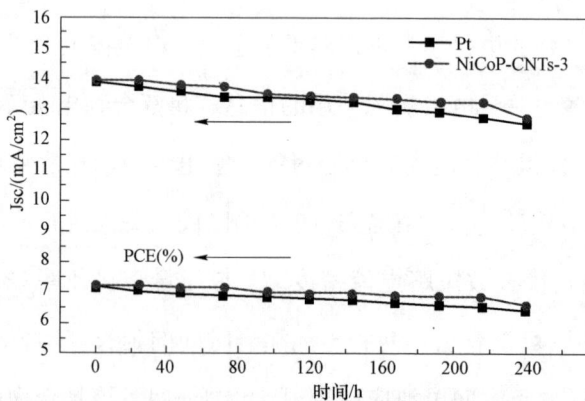

图 6-10　NiCoP-CNTs-3 电池与 Pt 电池的稳定性

6.4　本章小结

　　合成的 NiCoP-CNTs 复合材料被创新性地用作染敏电池的对电极催化剂,并且能够有效地催化还原碘电解质。多种电化学分析表明优化的复合物电极 NiCoP-CNTs-3 拥有小的电荷转移阻抗,大的交换电流与大的还原峰电流,这些数据证明复合物电极具有优良的电催化性能。这些性能的取得,主要获益于 NiCoP 纳米颗粒出众的催化活性以及碳纳米管 CNTs 良好的电子导电性。当 NiCoP-CNTs-3 复合电极被编织成染敏电池时,取得了 7.24% 的光电转化效率,这一数值与 Pt 基电池 7.12% 的能量转化效率不分伯仲。此外,该复合物电极在长时间使用中亦表现出良好的牢固耐用性。这些突出的优势,有助于这类复合物电极成为 Pt 电极的替代物。

第 7 章　等离子体 TiN@Ni-MXene 用作对电极材料

7.1　研究背景

ⅣB 过渡金属氮化物具有金属能带结构和高达 10^{22} cm^{-3} 数量级的高载流子浓度，从而使得这些过渡金属氮化物在可见光和近红外光范围（NIR）能够激发等离子体共振[252-254]。相关研究表明ⅣB 过渡金属氮化物是光热转换和光电催化应用的良好候选材料[255-257]。氮化钛纳米晶（TiN）作为一种具有代表性的过渡金属氮化物，具有高导电性、极高的硬度、优异的耐腐蚀性等独特的物理性能[258,259]。将 TiN 纳米晶体与聚（3，4-乙烯二氧噻吩）和导电炭黑共混后，制备的 DSSC 对电极复合薄膜显示出满意的电催化性能[260-262]。然而相关报道只关注 TiN 本身的电催化特性，忽略了 TiN 的等离激元特性对 TiN 电极电催化性能的贡献。由于拥有丰富的自由电子，TiN 纳米晶体具有金属的特性，并表现出明显的局域表面等离子体共振（LSPR）效应，在较宽的光谱范围内，TiN 具有比金更好的光吸收，特别是对占到地球表面总太阳能 20%以上的 NIR[263-265]。传统 DSSC 对 NIR 的捕获能力几乎为零，无法有效利用 NIR 光[266,267]。但当 TiN 用作 DSSC 的电极材料时，TiN 基 CE 可以有效地收集这些低能量 NIR 光子，通过等离子体诱导的增强效应来提高电催化性能。通过采用这种双功能材料作为 CE，将有助于实现 DSSC 的宽谱太阳能利用[268]。另一方面，TiN 纳米晶体本身的电催化活性与贵金属 Pt 相比仍然相对较差，因此迫切需要新的材料设计来提高电催化活性[269]。在各种策略中，将均匀分散的金属物种固定在载体表面是一种很有效果的途径，可以通过强金属-载体相互作用来调节表面电子分布进而增加更多的活性位点[270,271]。在本研究中，为充分发挥等离子体的增强作用，DSSC 光阳极玻璃采用文献报道中独特的 NIR 过滤和反射光学结构，仅保留 UV-vis 部分从正面引发 DSSC 的光伏响应，同时 NIR 被等离子对电极吸收。图 7-1 为概念设计方案。此外，采用湿浸渍法将 Ni 固定在 TiN 基体上。并且为了提高孤立 TiN@Ni 颗粒之间的导电性，将具有高导电性的 Ti_3C_2MXene 引入电极膜的制备过程中。据报道，Ti_3C_2MXene 也具有一些宽光谱等离子体吸收特征，这也可能有助于提高催化性能[272,273]。图 7-1 给出了复合对电极的制备工艺。基于 TiN@Ni 和 MXene 的特点，提出的 TiN@Ni-MXene 复合催化剂可以为碘三离子还原反应提供丰富的催化活性位点和快速的电荷传输。与传统 DSSC 的 CE 相比，该电极还可以吸收不必要的 NIR 光，利用等离子体效应加速碘三离子的还原，促进电极-电解质界面之间的电荷转移。这些因素共同赋予了所设计的 TiN@Ni-MXene 电极优越的电催化性能。

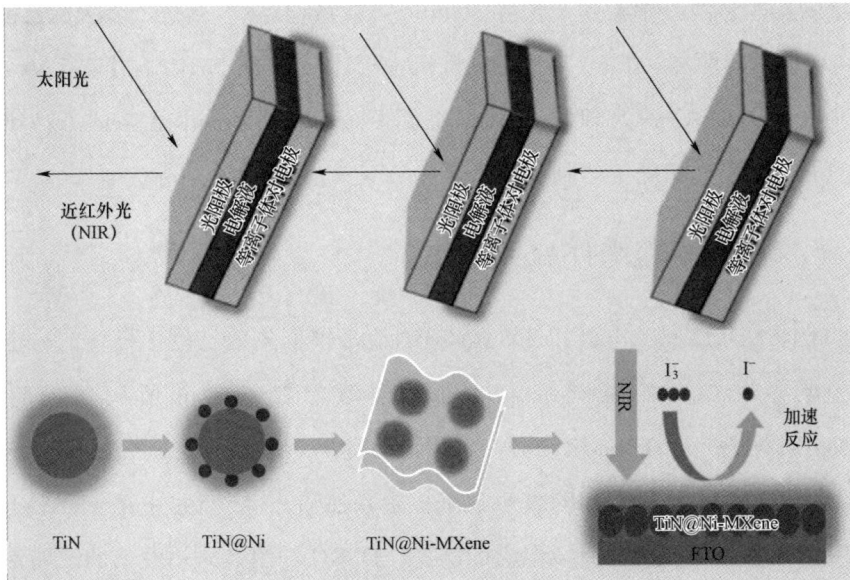

图 7-1　上：宽光谱利用 DSSC 设计图（光阳极玻璃利用采用 NIR 过滤与反射光学结构）；下：TiN@Ni-MXenes 复合电极的制备流程图

7.2　实验部分

7.2.1　等离子体复合材料的制备

根据文献报道的方法合成了 TiN 纳米颗粒，并对部分工艺过程进行了修改[274]。随后，采用湿浸渍法制备分散 Ni 物种的 TiN 载体，制备过程简述如下。将 TiN 载体、去离子水和适量的 $Ni(NO_3)_2 \cdot 6H_2O$ 组成的混合物连续搅拌 12 h 后，通过旋转蒸发器除去水分，将 $Ni(NO_3)_2$ 前驱体负载在 TiN 载体表面。将样品转移到冷冻干燥机中进行过夜干燥，进一步在 NH_3/H_2 混合气氛（15/85 v/v）中以 10 ℃/min 升温至 500 ℃煅烧所得前驱体，500 ℃下保温 1 h，然后在上述气氛下将产品逐渐冷却至室温，从而获得所需的目标产品。该产品被命名为 $TiN@Ni$。用于构建导电网络的单层 Ti_3C_2MXene 由 XFNANO 公司提供，直接使用，无需进一步提纯。将 $TiN@Ni$ 纳米颗粒加入均匀分散的 MXene 乙醇悬浊液中，超声搅拌 30 min。通过旋转蒸发器进一步去除乙醇，得到均匀的前驱体，在 50 ℃真空干燥机中干燥 2 h，在 NH_3/Ar（15/85 v/v）混合气氛中 450 ℃热处理 30 min，然后标记为 $TiN@Ni-MXene$。对照品 TiN-MXene 采用相同工艺制备。

7.2.2　等离子电极和 DSSCs 的制作

$TiN@Ni-MXene$ 电极和 DSSC 的制造是根据先前文献中描述的方法进行。电极糊含有乙基纤维素的乙醇溶液，松油醇和所制备的材料（$TiN@Ni-MXene$，TiN-MXene），然后进行球磨，直到形成均匀的混合物。将混合浆料刮涂在干净的 FTO 玻璃基板上，然后在 Ar 气氛中在 450 ℃下退火 30 min 并冷却，从而完成电极的制备。DSSC 的组装采用经典的三明治式结构，由 N719 敏化的二氧化钛光阳极（0.196 cm²）、电解质、对电极组成。在光阳极和对电极之间使用一个 30 μm 厚的 surlyn 衬垫，然后在 100 ℃下热

压。将碘基乙腈电解质通过对电极处的孔注入上述夹层装置的间隙，然后用
UV 光固化胶密封。使用两个相同的对电极组装成用于电化学测试的对称模
拟电池。

7.2.3　表征和测试方法

通过 X 射线粉末衍射仪和 X 射线光电子能谱仪分别对所制备的 TiN@Ni
的晶相和相应的化学成分进行了测试。利用透射电镜对合成的 TiN@Ni 和
TiN@Ni-MXene 的形貌和相应的 EDS 元素分布进行了研究。所合成材料和
DSSC 的吸收性能在 UV-vis-NIR 光谱仪（Hitachi，U4100）上进行。利用红
外摄像机采集等离子体电极和对称模拟电池在太阳模拟器照射下的温度变化
状态。DSSCs 所有的光电流-电压（J-V）测试都在 100 mW·cm^{-2} 的太阳能
电池表征系统上进行。此外，采用 850 nm 滤光片对近红外光效应进行分析。
在 CHI660E 电化学工作站上进行循环伏安法（CV）、电化学阻抗谱（EIS）等
所有的电化学测试。以制备电极为工作电极的三电极系统中，CV 试验的扫
描速率为 0.2 mV·s^{-1}。在不同光照条件下对模拟电池进行 EIS 测试，扰动幅
度为 10 mV，频率范围为 100 mHz～100 kHz。

7.3　结果与讨论

7.3.1　等离子体材料表征

用 XRD 对所制备的 TiN@Ni 和 TiN 的晶体结构进行测定。图 7-2a 中
TiN@Ni 样品的 XRD 谱图显示出与未改性 TiN（JCPDS#65-0565）几乎相同
的衍射峰。此外，还可以检测到与金属 Ni 相关的弱峰（JCPDS#04-0850），
初步表明沉积在 TiN 纳米晶表面的 Ni 前驱体在 NH_3/H_2 混合气氛中被还原。
为了进一步确定 TiN@Ni 产物中的化学元素和相应的价态，对两类材料进行

了 XPS 分析。如图 7-2b 所示，TiN@Ni 拥有明显的来自 Ni 元素的特征峰，Ni 原子浓度约为 4.61at%，插图中高分辨 Ni2p XPS 结果显示 TiN@Ni 中的主要 Ni 物种更接近金属 Ni（853.2 eV），部分 Ni 种属于氧化 Ni^{2+}（855.1 eV）。因此还原反应后 TiN 纳米晶上的 Ni 应该是金属 Ni 和 NiO 的混合组分。这些金属 Ni 可能成为碘三离子还原的反应位点，并有利于更多的电荷从电极转移到电解质。对于高价 Ni^{2+}，可能的原因是锚定在 TiN 表面的 Ni 原子被部分氧化，Ni 原子可能在富氮环境中形成 Ni-N 桥梁，从而在一定程度上增强了材料的耐腐蚀性和稳定性。此外，通过紫外-可见-近红外吸收测试方法，研究了合成材料的 LSPR 光学吸收性质。图 7-2c 中 TiN@Ni 和 TiN 乙醇分散液的消光谱均显示出 LSPR 吸收，特别是在 NIR 区域，吸收更为明显。这一特性将赋予 TiN 基电极薄膜优越的近红外光捕获功能。而 TiN@Ni 和 TiN 的等离子体吸收峰的强度和位置几乎一致，说明相对分散和稀有的 Ni 元素并未引起这类 TiN 基材料光学性能的显著变化。为了进一步准确地揭示所合成的纳米颗粒在电极膜中的等离激元吸收特征，图 7-2d 还提供了 TiN@Ni 粉末的紫外-可见-近红外漫反射光谱（UV-vis-NIR）。虽然由于介电环境的不同，裸露于空气中的 LSPR 峰与乙醇分散液中的 LSPR 峰相比发生了红移[275,276]。但 TiN@Ni 粉末仍表现出明显的特征吸收。此外，为了分析由 N719 敏化光阳极和碘基电解质组成的 DSSC 的光学吸收特性，图 7-2d 插图展示了以空白玻璃为 CE 的 DSSC 的 UV-vis-NIR 吸收。显然，虽然 UV-vis 区的大部分光被 N719 敏化的光阳极和紫色碘基电解质吸收，但太阳光中的近红外部分并没有被利用。因此，当 DSSC 采用等离子体 CE 时，这些近红外光可能被 CE 吸收，从而有助于加速碘三离子的电还原反应。进一步通过 TEM 和 EDS，分析 TiN@Ni 颗粒特征以及 Ni 物质在 TiN 载体上空间分布，结果如图 7-3a 所示。TiN@Ni 纳米晶的粒径在 50 nm 左右。EDS 元素结果再次显示了 Ni 元素的存在，这清楚地证明了 Ni 元素与 TiN 共存，且分布相对均匀。同时采用 TEM 研究了

TiN@Ni-MXenes 的形貌，如图 7-3b 所示。TiN@Ni 与 MXenes 层紧密结合，从而形成相互连接的电子传递网络，有利于缩短电催化反应过程中的电荷转移途径[277,278]。此外，通过红外温度成像技术监测了 NIR 光照射下等离子体 TiN@Ni-MXenes 电极的温度变化。图 7-3c 为不同辐照周期下 TiN@Ni-MXenes 薄膜电极的红外温度成像。与初始情况相比，经过近红外光照射后，TiN@Ni-MXenes 薄膜电极的温度明显升高。稳态温度与初始温度之差在 20 ℃以上，其变化原因主要来源于等离子体诱导的光热效应[279]。根据阿伦尼乌斯原理，化学反应速率与反应温度正相关，因此光热效应会有效提高电极附近电解质的温度，从而加速与碘三离子转化相关的化学反应[280,281]。

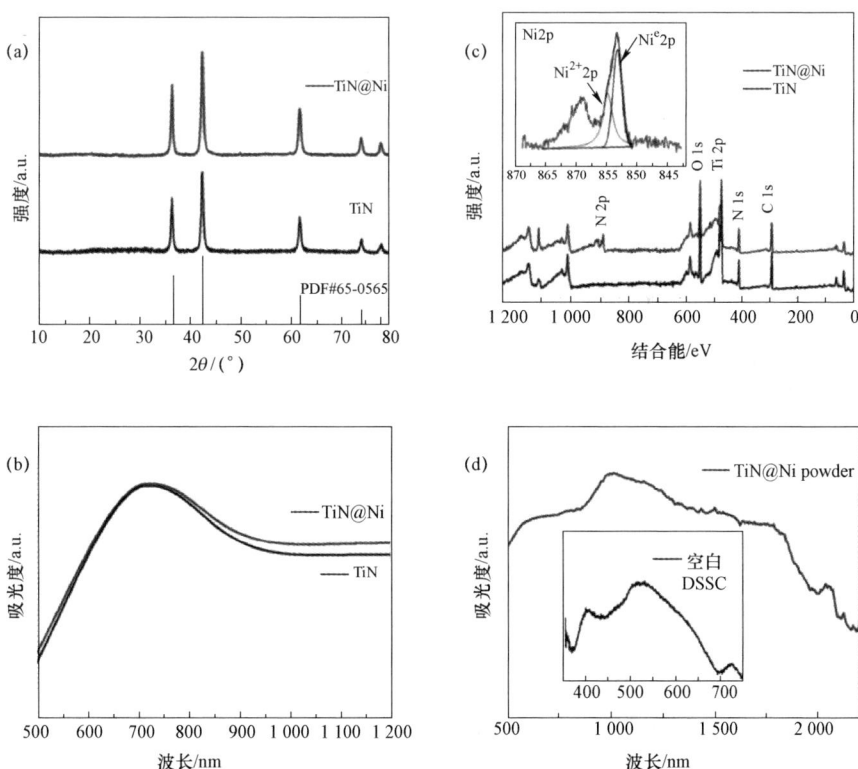

图 7-2 （a）所制备的 TiN@Ni 和 TiN 的 XRD 图；（b）TiN@Ni 和 TiN 的 XPS 谱，插图为 Ni2p 高分辨谱；（c）TiN@Ni 和 TiN 乙醇分散液的消光图；（d）TiN@Ni 粉末的 UV-vis-NIR 漫反射图，插图为采用空白玻璃作为对电极组装而成 DSSC 的光吸收图

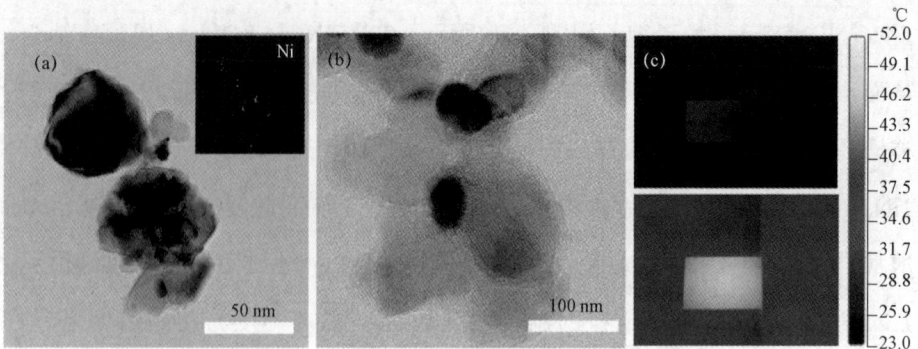

图 7-3　（a）纳米 TiN 的 TEM 图，插图为 Ni 元素的 EDS 分布；（b）TiN@Ni-MXenes 的 TEM 图；（C）TiN@Ni-MXenes 平面膜在 NIR 照射下从开始到稳态时表面温度的变化

7.3.2　电池光伏性能分析

为了研究双功能等离子体电极在完整器件中的真实性能，在太阳光模拟器的常规照射下，对基于 TiN@Ni-MXenes 电极、TiN-MXenes 电极和 Pt 电极的 DSSCs 进行了比较测试。通过光电流密度-电压（J-V）曲线记录三种电极的最佳光伏性能，如图 7-4a 所示，详细参数见表 7-1。显然，TiN@Ni 物质可以获得更好的电池性能。基于 TiN@Ni-MXenes 的 DSSC 取得了短路光电流密度（J_{sc}）为 15.91 mA·cm^{-2}，开路（V_{oc}）为 0.76 V，填充因子（FF）为 0.668，PCE 为 8.08%，超过了以 TiN-MXenes 电池（$J_{sc}=14.29$ mA·cm^{-2}，$V_{oc}=0.76$ V，$FF=0.581$，$PCE=6.31\%$）和作为参照的 Pt 电池（$J_{sc}=15.38$ mA·cm^{-2}，$V_{oc}=0.77$ V，$FF=0.641$，$PCE=7.59\%$）。对于 TiN@Ni-MXenes 和 TiN-MXenes 电极，不同的光伏结果归因于 TiN@Ni 与单独 TiN 相比具有突出的碘三还原活性。另一方面，为了揭示 TiN 电极吸收 NIR 光对电池性能的增强作用，对正面入射光进行过滤，仅保留 UV-vis 部分触发光伏响应，对应的照射条件记为"正面无红外光测试"。此外，上述太阳能电池还采用了从对电极一侧添加 NIR 辐照进行测试，NIR 光来自过滤后的太阳光模拟器，此测试条件标记为"反面红外光照射"。不同测试条件下 TiN@Ni-MXenes 电池稳态 J-V 曲线如图 7-4b 所示。"正面无红外光测试"DSSC

的 *PCE* 为 7.87%，J_{sc} 为 15.52 mA·cm^{-2}，与"正常测试"条件下该 DSSC 光伏参数相比（J_{sc} = 15.91 mA·cm^{-2}，*PCE* = 8.08%），仅略逊一筹。在"反面红外光照射"条件下进一步测试电池时，可以看到电池的光伏性能与"正面无红外光测试"相比得到了有效的改善（J_{sc} 为 16.61 mA·cm^{-2}，*PCE* 为 8.45%）。这些结果表明，由于 NIR 通过光阳极和电解质的透射率较低，正面辐照的 NIR 增强效果相对较小。但当 NIR 光从背面直接照射 CE 时，确实发挥了重要作用，光伏性能的提高归功于 TiN@Ni-MXenes 电极由于获得了有效的 NIR 激发而提升了电催化效果。

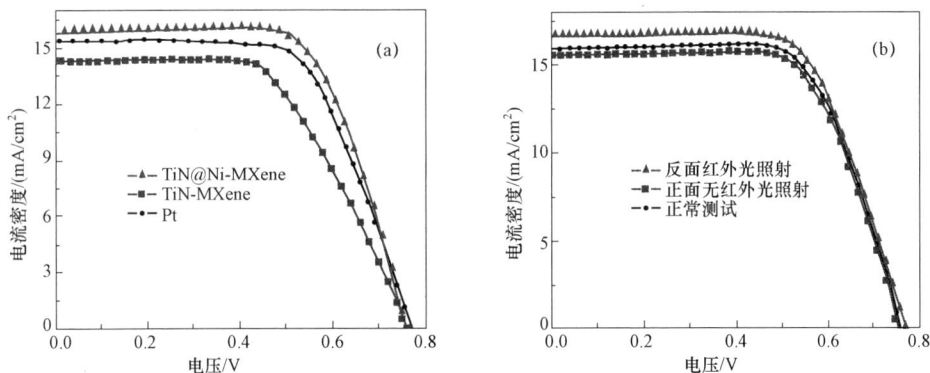

图 7-4　（a）在常规测试条件下，基于不同对电极所制 DSSC 的 *J-V* 曲线；（b）在不同测试条件下，基于 TiN@Ni-MXenes 电极所制 DSSC 的 *J-V* 曲线

表 7-1　不同 DSSCs 在不同测试条件下的光伏参数汇总

CE/Condition	J_{sc}/（mA·cm^{-2}）	V_{oc}/V	*FF*	*PCE*/%
Pt（正常测试）	15.38	0.77	0.641	7.59
TiN-MXene（正常测试）	14.29	0.76	0.581	6.31
TiN@Ni-MXene（正常测试）	15.91	0.76	0.668	8.08
TiN@Ni-MXene（正面无红外光）	15.52	0.76	0.667	7.87
TiN@Ni-MXene（反面红外光照射）	16.61	0.77	0.661	8.45

7.3.3　电极电化学分析

为了阐明 Ni 负载对 TiN 催化活性的增强作用和 TiN 近红外等离激元特性

对电催化效果的具体贡献。由两个相同的 TiN@Ni-MXenes 电极或 TiN-MXenes 电极组装的对称模拟电池上进行了多种测试条件下的电化学阻抗谱（EIS）分析。对称电池 EIS 记录的 Nyquist 曲线和对应等效电路模型如图 7-5 所示。绿线和蓝线分别表示 TiN@Ni-MXenes 电极和 TiN-MXenes 电极在暗态测试环境下的 Nyquist 曲线。红线来源于 TiN@Ni-MXenes 电池在 NIR 照射下的测试曲线。从各种 Nyquist 曲线中提取电化学参数列于表 7-2。作为关键的电化学参数，R_s 描述了 CE 的串联电阻，源于高频区域的半圆的 R_{ct} 表示 CE 与电解质界面之间的电荷转移电阻，R_{ct} 越小意味着 CE 对碘三化物还原的电催化活性越好。虽然三个对称模拟电池的构成和测试条件不同，但由于电极之间的电导率相似，R_s 变化不大（约为 2.4 Ω·cm²）。而 R_{ct} 则呈现出完全不同的趋势。R_{ct} 从 TiN-MXenes 电极的 10.2 Ω·cm² 明显下降到 TiN@Ni-MXenes 电极的 6.1 Ω·cm²，表明 TiN@Ni 电催化剂通过在 TiN 表面锚定 Ni 增加的位点获得了更好的电催化性能。同时，TiN@Ni-MXenes 电极在 NIR 照射条件下的 R_{ct}（1.7 Ω·cm²）比暗态测试环境的 R_{ct} 更小。这一结果是由于对电极吸收 NIR 后增强了电解质/电极界面的电荷转移。

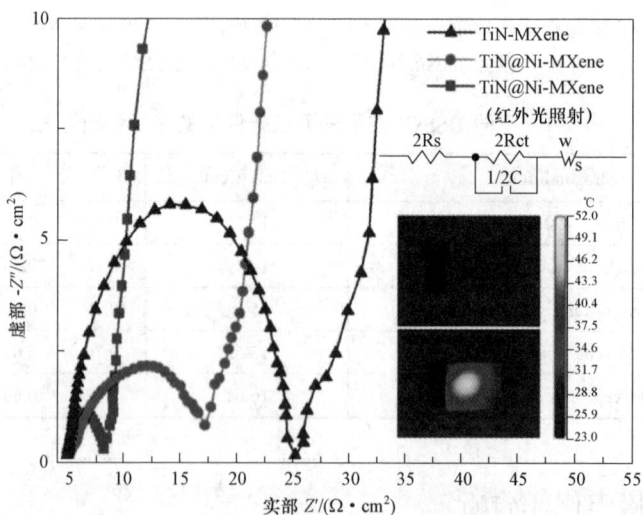

图 7-5　不同模拟电池在变化的测试条件下记录的 Nyquist 曲线，插图展示了等效电路以及 TiN@Ni-MXenes 模拟电池在 NIR 照射下的红外像图

表 7-2　来自对称电池 EIS 和 CV 的电化学参数

对电极/测试状态	$R_s/(\Omega \cdot cm^2)$	$R_{ct}/(\Omega \cdot cm^2)$	$R_{ed}/(mA \cdot cm^{-2})$
TiN-MXene（暗态测试）	2.4	10.2	0.45
TiN@Ni-MXene（暗态测试）	2.5	6.1	0.69
TiN@Ni-MXene（红外光照射测试）	2.4	1.7	1.04

　　为了探究 NIR 吸收增强电催化性能的原因，在图 7-5 的插图中进一步提供了 TiN@Ni-MXenes 对称电池在 NIR 照射下的红外成像。对称电池的活性区显示出比初始状态（约 26 ℃）更高的温度（超过 46 ℃）。等离子体材料通过吸收 NIR 引起的光热效应导致温度升高，产生的热量可以沿着电极传递到电解质中的反应位点，从而加速 I_3^- 离子的扩散和反应，从而提高 CE 的电催化性能。此外，在 NIR 辐照和暗态测试环境下，对制备的 TiN@Ni-MXenes 和 TiN-MXenes 电极的电催化性能进行了循环伏安（CV）比较。图 7-6 总结了不同测试条件下记录的 CV 曲线。伏安图中阴极还原峰电流密度是评价 CE 催化剂对 I_3^- 离子催化性能的关键参数。在暗态测试环境中，TiN@Ni-MXenes 与 TiN-MXenes 电极相比，显示出更高的还原电流密度，这表明由于引入了丰富的 Ni 物种，TiN@Ni 对 I_3^- 离子还原具有更高的电催化活性。该结果与上述 EIS 分析一致。NIR 光照射条件下，TiN@Ni-MXenes 电极的 CV 形状和峰值位置没有改变，但峰值电流密度明显增加。还原电流的增大归因于 TiN@Ni 纳米粒子的等离激元特性提高了催化活性。根据先前的报道，由热效应引起的电极附近电解质的温度变化在等离子体介导的电化学反应中起主导作用。通过上述 EIS 和 CV 分析，这些结果表明，表面负载 Ni 物种产生的额外催化活性位点增强了 TiN 材料本身的内在催化特性，通过吸收 NIR 引起的等离子体诱导光热效应进一步加强了 TiN 基 CE 的电催化表现。

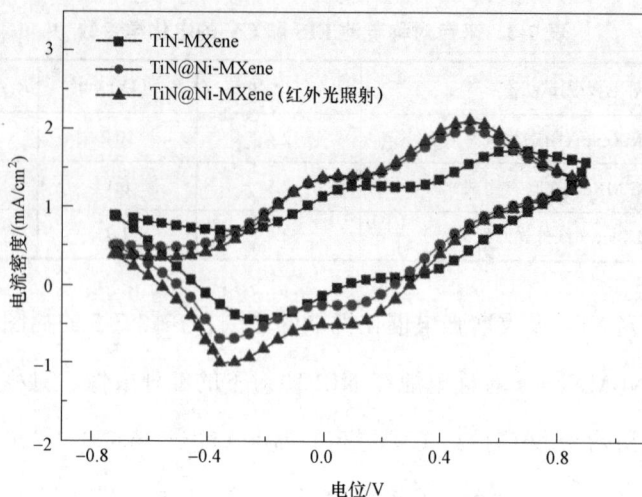

图 7-6 不同对电极在不同测试条件下的 CV 图

7.4 本章小结

综上所述，采用在 TiN 表面构建新的活性中心的策略来提高 CE 材料的本征电催化活性。负载 Ni 可以改变催化剂的电子结构和电荷输运性质，从而促进更多 I_3^- 离子的反应，从而提高 CE 的电化学性能。另一方面，由于 TiN 固有的等离子体特性，这种 TiN 基电极可以收集 DSSC 光阳极不吸收的近红外光，引发的光热效应会提高电极附近电解质的温度，从而加速 I_3^- 离子的化学反应。所提出的等离子体和电催化双功能电极为开发高效电催化剂提供了新的视角，并且可用于其他太阳能转换系统，将有助于实现太阳能的宽谱利用。

第 8 章　基于 LiFePO$_4$ 的对电极及其在光充电电池中的应用

利用 LIB 和太阳能电池构建集成器件是实现自充电型 LIB 的一种可行方法[282-285]。近年来，出现了一些关于太阳能可充电电池的报道，相关进展引起了基础研究和产业化的高度关注，同时这些工作为解决太阳能电池和储能电池的集成问题提供了一些独特的策略[286-288]。根据不同的组装方法，可充电 LIB 大致可分为两种类型。其中之一是 LIB 和太阳能电池相互独立，并通过辅助工具或电线连接在一起[289]。例如，Xu 等使用了几种钙钛矿太阳能电池直接给由 LiFePO$_4$ 阴极和 Li$_4$Ti$_5$O$_{12}$ 阳极组装的 LIB 充电，所制备的系统具有一定的光电转换和存储效率[290]。另一种自充电锂电池是通过将内置的染料敏化二氧化钛光电极整合到传统 LIB 结构中，构建用于实现光辅助充电的混合三电极装置。Li 等报道了一种含有 LiFePO$_4$ 阴极、锂正极、二氧化钛光阳极构成的光辅助可充电 LIB。在光生电压的帮助下，LiFePO$_4$ 电池的充电电压从 3.41 V 降低到 2.78 V[291]。Yu 等将二氧化钛光电极引入 DSSC，光电极上产生的光电压可以补偿电池的充电电压[292]。对于这种光充电 LIB，可以注意到主要充电电压仍然由外部电源提供。虽然以前的太阳能充电锂离子电池达到了一定的效果，但仍有一些问题需要进一步改进。新型太阳能充电电池应结合上述两种光电充电电池的优势。在多样化的光伏电池中，DSSCs 具有功率转换效率较高、成本较低、环保的[293-295]等独特优点。此外，敏化的二氧化钛光电极一般采用刚性导电玻璃作为基底，从而方便了光电极与其他电极集成到一个单元中[296]。本研究设计了一种简单而实用的光电充电 LIB 系统，该系统由四个单结 DSSC 和一个由染料敏化二氧化钛光电极、LiFePO$_4$ 阴极和锂阳极组成的混合三电极电池组成。在光照下充电时，串联的 DSSC 和混合电池中的光电极可以为 LIB 提供足够充电电压。所制备的光充电 LIB 单元具有可行的光电转换和存储效果，并具有一定的循环稳定性。

8.1　杂化电池中各种电极的制备

染料敏化 TiO$_2$ 光阳电极的制备：将干燥后的 TiO$_2$ 电极置于 0.5 mmol/L N719 染料乙醇溶液中，60 ℃下浸泡 12 h，然后用无水乙醇充分洗涤，去除残留未吸收的染料，80 ℃下干燥 2 h。所得光阳极置于密封容器中避光备用。

LiFePO$_4$ 负极的制备：将商用 LiFePO$_4$、导电炭黑、松油醇和乙基纤维素乙醇溶液（10wt%）加入不锈钢磨锅中进行球磨，然后得到均匀黏性的糊状物。随后，通过刮涂法将黏性糊状物涂覆在导电钛网（200 目）上。将获得的 LiFePO$_4$ 电极干燥后，将其转移到充满 Ar 气的手套箱中备用。所制电极中活性物质 LiFePO$_4$ 的用量约为 0.3 mg·cm^{-2}。

锂阳极的制备：整个过程都是在充满 Ar 的手套箱中进行的。将金属 Li 箔（0.75 mm 厚，99.9%，aladdin）压在钛网（100 目）上，然后将其放置在由 LIB 聚合物电解质膜（celgard2500，美国）制成的软包中。然后用体积比为 1∶1 的 1 mmol/L LiClO$_4$ 碳酸乙烯/碳酸二甲酯的有机电解质填充包内，密封，得到锂阳极。

8.2　光充电电池的制备与测试

DSSC 的制造采用了熟悉的夹层型结构。用 30 μm 的 Surlyn 薄膜作为间隔，将染料敏化的二氧化钛光电极和铂电极耦合在一起。通过对电极上的开孔，将 0.05 LiI、0.03 mmol/L I$_2$、0.6 mmol/L 1-丁基-3-甲基咪唑碘化物、

0.5 mmol/L 4-叔丁基吡啶、0.1 mmol/L 硫氰酸胍等乙腈电解液注入 DSSC 的间隙，随后用 Surlyn 膜密封开孔，完成 DSSC 的组装。

在充满氩气的手套箱中制备了三电极杂化电池。将染料敏化 TiO_2 光阳极固定在定制的立方体电池盒的顶部，作为外壁，方便接收太阳光的照射，同时槽的缝隙用硅橡胶密封，避免电解液泄漏。$LiFePO_4$ 负极嵌入电池盒的中间，锂阳极固定在电池盒的底部。然后将电池盒除 TiO_2 光阳极上的孔外完全密封。黏结剂固化后，从 TiO_2 光阳极开孔注入由 1 mmol/L $LiClO_4$ 和 100 mmol/L LiI 组成的乙腈电解质，密封，得到混合电池。然后将杂化电池通过导线与串联 DSSCs 电池组连接。在太阳光充电过程中，锂阳极与 DSSC 的光阳极连接，杂化电池的敏化 TiO_2 电极与 DSSC 电池组的对电极连接。在放电时，将锂离子阳极和 $LiFePO_4$ 阴极连接到外电路，从而完成光充电 LIB 单元的制作。

采用 XRD 对不同 $LiFePO_4$ 电极材料的晶体结构进行了表征。采用 X 射线光电子能谱（XPS）对产物的化学成分进行了研究。在电化学工作站上，以 Pt 丝为对电极，Ag 丝为参比电极，$LiFePO_4$ 电极为工作电极，采用连续循环伏安法（CV），在乙腈电解质中对 $LiFePO_4$ 电极材料进行了衰减试验。电解液由 0.1 mmol/L $NaClO_4$、10 mmol/L NaI 和 1 mmol/L I_2 组成，完成连续 CV 测试后，再次用 XRD 对 $LiFePO_4$ 电极材料进行分析。同时，采用 ^7Li 液态核磁共振（500 mol/L，Bruke）定性研究不同 CV 时间下电解质中锂离子的含量。在 100 mW·cm^{-2} 的太阳模拟器（SolarⅣ，Zolix，China）照射下，测量 DSSC 的光伏性能。在太阳模拟器的照射下，完成光充电。混合 LIB 的电化学性能采用自动电池测试系统进行测试，充放电电流密度为 0.2 mA·cm^{-2}。

8.3　光充电电池性能分析

图 8-1 给出了所设计的光充电 LIB 系统的原理图。对于杂化 LIB 的理论充电电压，一般由 Li^+/Li 氧化还原电位与 TiO_2 电子的准费米能级之间的能量

差决定[297,298]。集成器件整体的光电化学机理与之前的报道基本一致，具体描述如下。在光充电过程中，杂化电池的 TiO_2 电极与锂阳极，与外部 DSSCs 电池包连接在一起。充电电压由串联 DSSCs 电池包和杂化电池的 TiO_2 电极的光电压提供。当杂化电池的染料敏化 TiO_2 电极受到光照射时，染料被激发并产生电子。随后，光激发染料将 I^- 转化为 I_3^-，I_3^- 又扩散到 $LiFePO_4$ 阴极，并将 $LiFePO_4$ 氧化为 $FePO_4$，同时释放 Li^+。杂化电池的光电极和 DSSCs 电池组中的电子通过外电路传输到锂阳极，锂阳极表面周围的 Li^+ 充电电压的作用下还原为锂。在放电时，$LiFePO_4$ 复合材料阴极和锂阳极通过外部负载连接在一起。$LiFePO_4$ 阴极接收锂阳极释放的电子，锂离子在电荷平衡的作用下再次插入到 $FePO_4$ 结构中，使 $FePO_4$ 还原为 $LiFePO_4$，从而完成整个充放电过程。

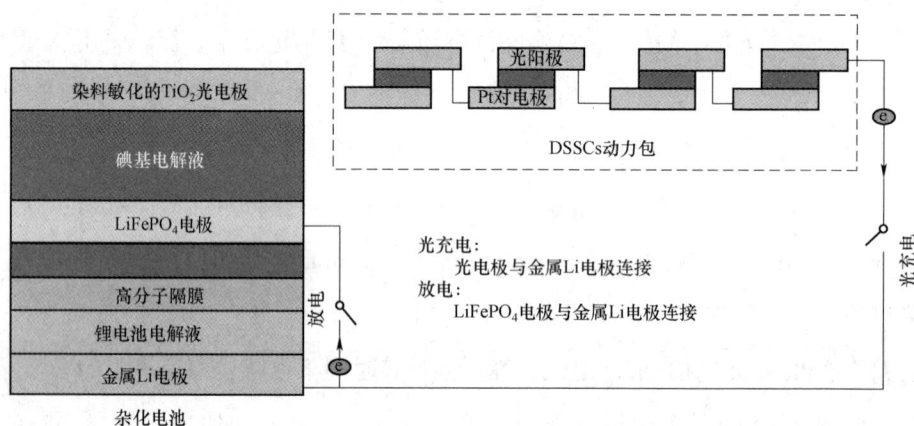

图 8-1　设计的 DSSC 与杂化 Li 电池组合而成的光充电电池结构

$LiFePO_4$ 和 $FePO_4$ 之间的转换对杂化 LIB 设备的运行起着至关重要的作用。据相关文献报道，I^-/I_3^- 离子对 $LiFePO_4$ 具有一定的氧化性能[299-301]。为了详细研究 $LiFePO_4$ 中介电极在碘基氧化还原电对中的存在状态，本研究对 $LiFePO_4$ 电极进行了连续循环伏安测试。同时为了准确监测 Li^+ 离子的脱出情况，排除 Li^+ 离子对电解质成分的干扰，CV 试验中的所有支持电解质均采用钠基成分。图 8-2a 显示了来自初始 $LiFePO_4$ 电极和在 $LiFePO_4$ 电极经受连续

30 次 CV 后产生材料的 XRD 谱。显然，初始的 LiFePO₄ 电极的主要衍射峰与典型的 LiFePO₄ JCPDF 卡 No.40-1499 一致。尽管 CV 测试后的材料仍显示出明显的曲线，但特征峰应归因于异位的 FePO₄（JCPDF card No.37-0478）。通过 XPS 进一步分析了两种电极材料中 Fe 元素的化学状态，相关拟合结果如图 8-2b 所示。在 Fe₂ₚ 的高分辨率光谱中，原始 LiFePO₄ 电极的 Fe 元素有 Fe₂ₚ₃/₂（710.3 eV）和 Fe₂ₚ₁/₂（723.8 eV）两个峰，说明 Fe 的氧化态为+2 价。经过连续的 CV 循环后，Fe₂ₚ₃/₂ 的中心峰从 710.3 移到 711.6 eV，相应的 Fe₂ₚ₁/₂

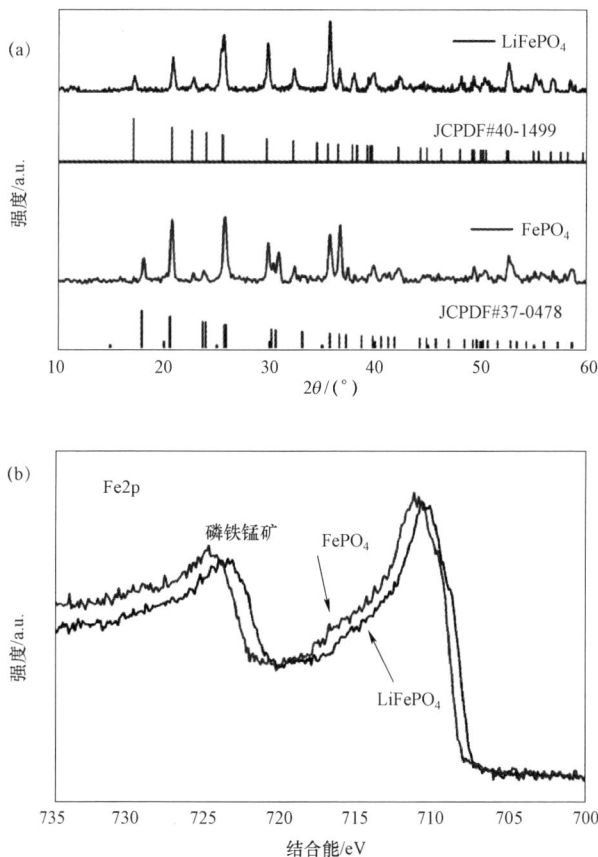

图 8-2　（a）初始 LiFePO₄ 的 XRD 和经过连续 30 次循环伏安之后产物的 XRD；
（b）初始 LiFePO₄ 中 Fe₂ₚ 的高分辨 XPS 和经过连续 30 次循环伏安之后
产物中 Fe₂ₚ 的高分辨 XPS

峰位于 725.1 eV。这些变化可以归因于 Fe^{2+}氧化为 Fe^{3+}，该结果与以前的报道一致[302,303]。XRD 和 XPS 的结果均表明，由于 I^-/I_3^- 离子对的存在，从 $LiFePO_4$ 到 $FePO_4$ 的氧化反应是可行的。另一方面，研究连续 CV 过程中支撑电解质的化学成分变化，以进一步证实有效的 Li^+离子脱出。图 8-3 显示了在不同循环伏安次数取样时，支撑电解质中 ^7Li NMR 谱。当第一次 CV 测试完成时，检测到来自 Li^+离子的强烈信号。由于最初的电解质中没有 Li 元素，Li 信号的出现应该明确地归因于 $LiFePO_4$ 电极的 Li 的脱出，这再次证明了碘基氧化还原电对实际的氧化作用。随着循环次数的增加，支撑电解质中的 Li^+离子浓度逐渐升高。当连续 CV 测试次数超过 20 次时，^7Li 核磁共振谱的积分面积不再增大，这意味着 Li^+离子的浓度保持不变，$LiFePO_4$ 被完全氧化。上述测试结果有力地表明，$LiFePO_4$ 电极可以作为 DSSC 和 LIB 结合的桥梁。

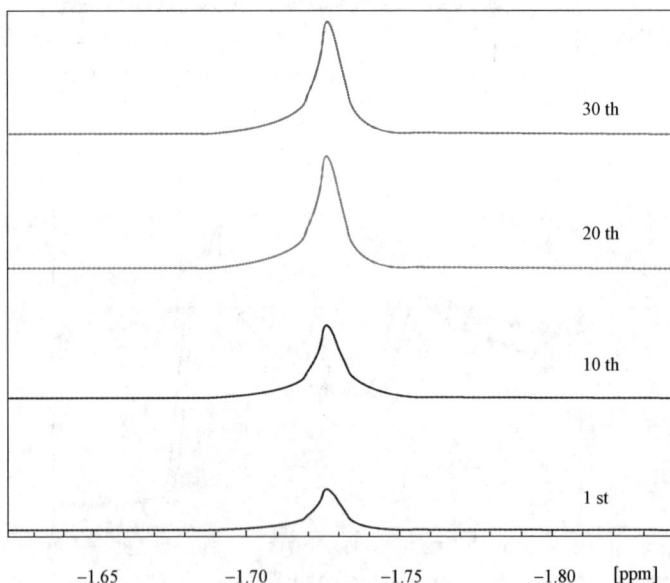

图 8-3　在不同循环伏安次数取样时，支撑电解质中 ^7Li NMR 谱

在评价特定的光充电效果之前，通过自动充放电测试系统对杂化 LIB 在黑暗条件下的电化学性能进行了研究，结果如图 8-4 所示。在

0.2 mA·cm⁻² 的充电电流下，电池的平均充电电压为 3.49 V。放电时，杂化电池在 3.38 V 左右出现电压平台。杂化 LIB 的比充放电容量分别为 110.4 mAh·g⁻¹ 和 97.9 mAh·g⁻¹。杂化 LIB 的库仑效率（CE）约为 88%。CE 性能较低，可能是由于杂化电池的制备技术相对较差，对充放电容量影响严重。另一方面，三电极杂化 LIB 含有两种被膜分离的电解质。虽然两种电解质中的 Li⁺离子在外部电压驱动下可以通过隔膜迁移，但两种不同电解质之间的迁移阻抗仍远高于正常 LIB，进一步导致 CE 性能较低。图 8-5 描述了杂化 LIB 在光照下的光辅助充电曲线。值得注意的是，电池的充电电压为 2.85 V，低于黑暗条件下。充电电压的降低应归因于来自光电电压的补偿[304]。此外，还对单个标准 DSSC 的光伏性能进行了评价，相应的电流密度-电压曲线（J-V）如图 8-6a 所示。单结 DSSC 的短路电流密度（J_{sc}）为 13.14 mA·cm⁻²，开路电压（V_{oc}）为 0.77 V，填充因子（FF）为 0.70，功率转换效率（PCE）为 7.15%。显然，单个太阳能电池不能为杂化 LIB 提供足够高的充电电压。为了实现直接光充电的 LIB，通过将四个单电

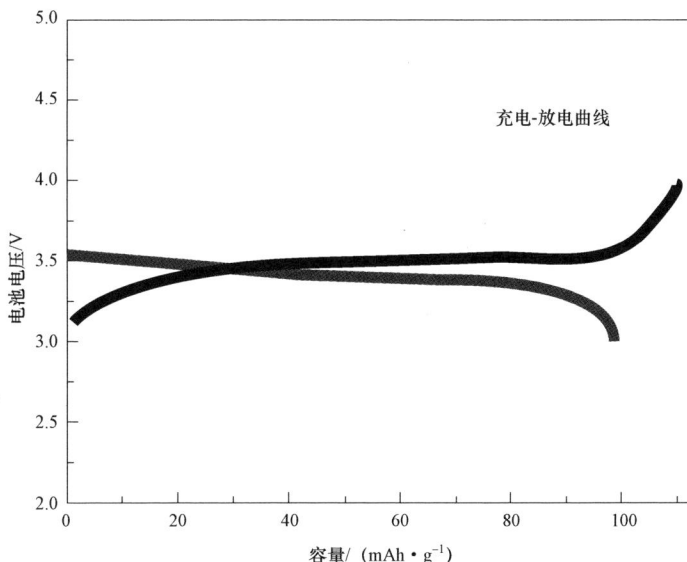

图 8-4　杂化 LIB 在无光照情况下的允放电曲线

池串联起来，制作了 DSSCs 电池包，从而获得了足够高的工作电压[305-308]。图 8-6b 为系列 DSSCs 组的 *J-V* 曲线。结果表明，DSSCs 包产生的 J_{sc} 为 2.85 mA·cm^{-2}，V_{oc} 为 3.13 V，*FF* 为 0.69，*PCE* 为 6.19%。所提供的开路电压与杂化 LIB 在光照时所需的充电电压足够匹配。

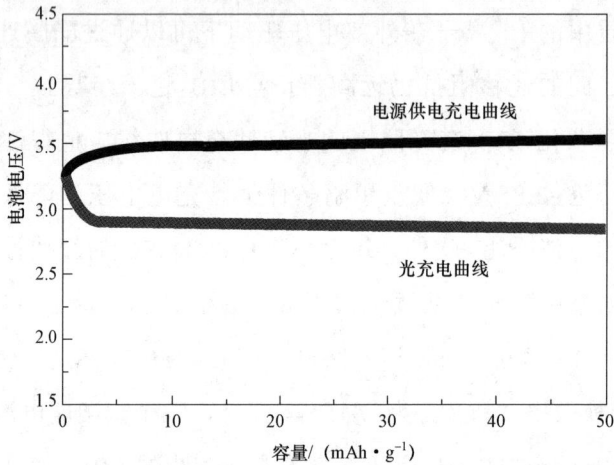

图 8-5　杂化 LIB 在光照情况下的充电曲线

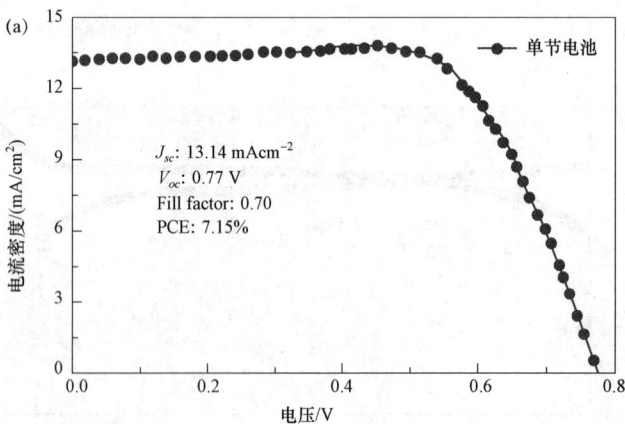

(a)

J_{sc}: 13.14 mAcm^{-2}
V_{oc}: 0.77 V
Fill factor: 0.70
PCE: 7.15%

图 8-6　（a）单节 DSSC 的 *J-V* 曲线；
（b）四个串联的 DSSCs 电池包的 *J-V* 曲线 DSSC

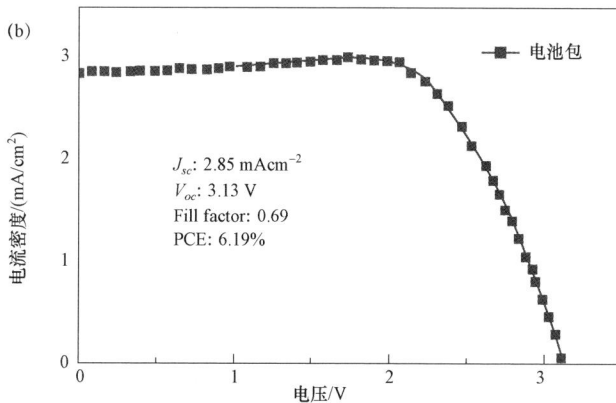

图 8-6　（a）单节 DSSC 的 J-V 曲线；
（b）四个串联的 DSSCs 电池包的 J-V 曲线 DSSC（续）

经过进一步的器件优化后，真实评估了 DSSC-杂化 LIB 系统的直接光充电性能。图 8-7 为光充电系统在不同光照时间后的放电曲线。光充电 6 h 后，杂化 LIB 的放电电压约为 3.4 V，放电容量为 95.4 mAh·g^{-1}，与自动充放电仪充电的 LIB 相当。作为比较，还提供了 LIB 通过 4 h 光充电过程的放电曲线。可以观察到与 6 h 光充电时的类似放电电压平台，相应的放电容量为 61.3 mAh·g^{-1}。在实际应用中，可重复性是需要考虑的一个重要问题。因此，在 DSSC-杂化 LIB 充电装置上进行了 7 次光充放电循环，整个周期的光充电时间都为 6 h。杂化 LIB 各循环的放电容量汇总如图 8-8a 所示。同时杂化 LIB 系统在 1/3/7 周期下的光充电过程的电压-时间曲线如图 8-8b 所示。经过 7 次光充电和恒流放电循环，杂化 LIB 保持了 70.2 mAh·g^{-1} 的容量，约为初始容量的 73.6%。另一方面，随着循环的进行，杂化 LIB 的充电电压呈逐渐上升趋势。可能的原因是二氧化钛光电极上的染料分子在强氧化环境下逐渐分解，从而影响了杂化电池的稳定运行，从而导致充电电压的升高。此外，还研究了系列 DSSC 电池包的运行稳定性。图 8-9 总结了 7 个循环试验中提取的光伏参数 V_{oc} 和 J_{sc}，DSSCs 光电流相对稳定，减少量较小。对于另一个关键参数 V_{oc}，经过 7 次循环测试后，V_{oc} 的值比初始 V_{oc} 的值下降了 4.8%。串联 DSSCs 组输出功率的下降应归因于 DSSC 器件的老化，这也导致了循环试验中杂化 LIB 容量的下降。通过优化 DSSC 和杂化 LIB 的制备技术，可以进一步提高集成器件的稳定性。

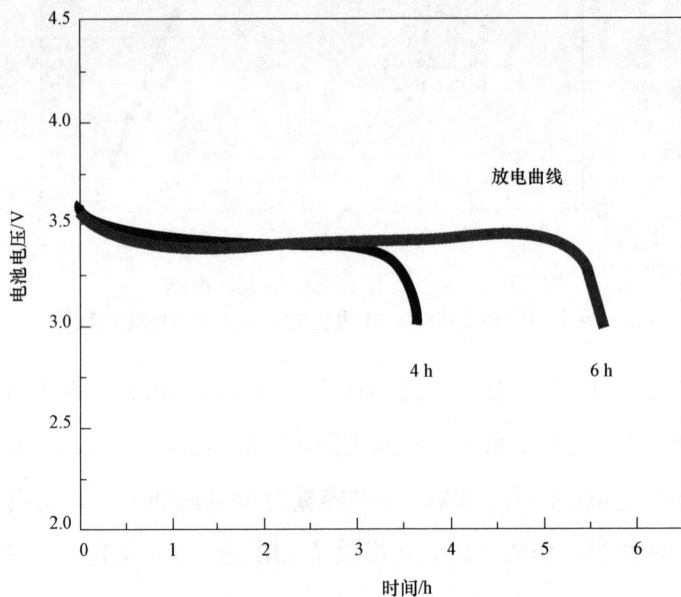

图 8-7　杂化 LIB 在光充电 4 h、6 h 之后的放电曲线

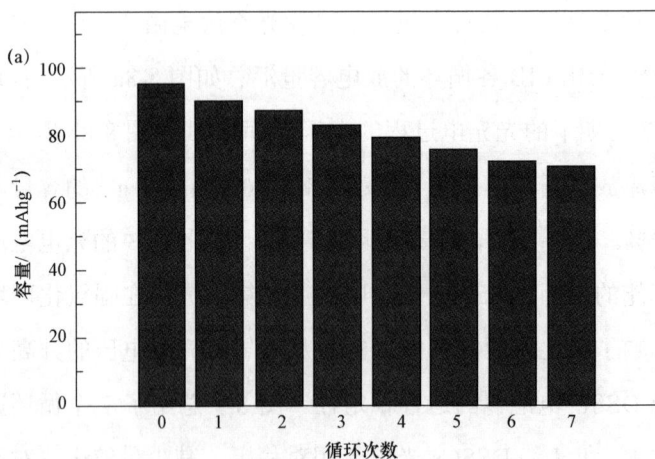

图 8-8　（a）在不同循环次数下，杂化 LIB 的放电容量；
（b）光充电过程中杂化电池的电压-时间曲线

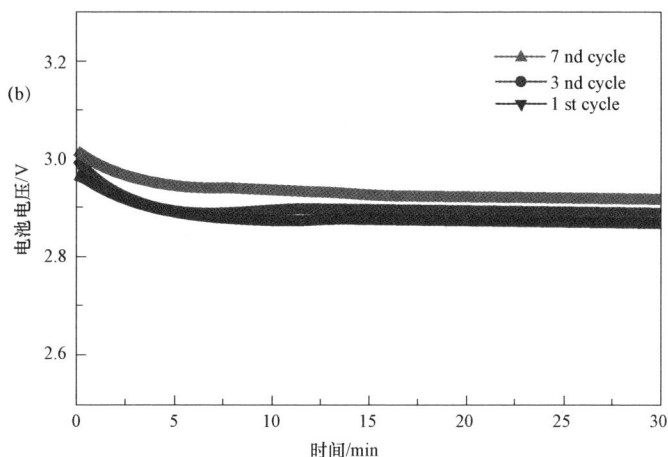

图 8-8 （a）在不同循环次数下，杂化 LIB 的放电容量；
（b）光充电过程中杂化电池的电压-时间曲线（续）

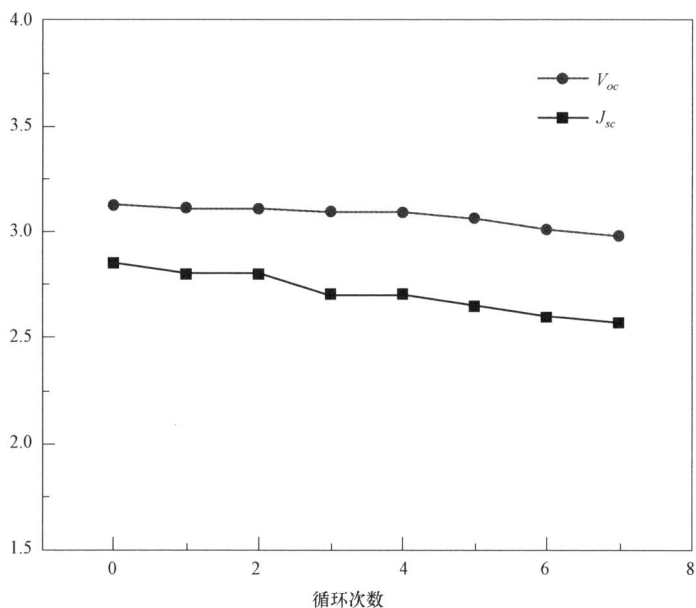

图 8-9 串联电池包在不同循环次数下的光伏输出性能

8.4　本章小结

在本研究中，通过整合杂化三电极 LIB 和串联的 DSSC 电池包，制备了完全由太阳能供能的直接光充电系统。对于杂化 LIB，LiFePO$_4$ 电极在 LIB 和染料敏化 TiO$_2$ 光电极的集成中起着重要的中介作用，光电极的引入有效地降低了充电电压，从而节省了能量。杂化 LIB 可以在 2.85 V 的电压下充电，低于常规 LIB。与串联 DSSCs 电池包进一步连接后，得到的 DSSCs-LIB 光充电储能体系展示出可用的光充电效果。并且比放电性能与传统电源充电相当。而且，集成系统在进行循环测试时，呈现出相对的可靠性。循环试验后的放电容量相对于初始容量保持了 73.6% 的稳定性。在后续的研究工作中，在器件配置和制备技术方面进行各种优化，可以进一步提高 DSSCs-LIB 光充电体系的总体性能。

第9章 展　望

　　染料敏化太阳能电池具有制备技术成熟，实际使用性能稳定，生产成本可控等诸多优点，发展染料敏化太阳能电池已经成为太阳能电池研究的一个重要方向。为此，开发廉价高效的用于染料敏化太阳能电池的对电极材料，对于进一步推进染敏电池的实际应用，无疑具有相当重要的意义。在本书中，制备了多种新型高效的对电极材料，基于这些电极的染料敏化太阳能电池取得了与传统铂基电池相同或相近的光电转化效率。关于染料敏化太阳能电池的发展，仍需不断地改进其相关组成以及制备工艺，进而持续提升这类电池的能量转化效率。此外，开发大面积的染料敏化太阳能电池，对于促进这类电池的实用化也具有重要意义。所有的这些工作均对作为染敏电池重要组成部分的对电极，提出了更高的要求，因此开发设计新型高效的非铂电极是一个重要的研究方向。在本书工作的积累上，希望继续提高染敏电池的制备水平，以期达到更为先进的能量转化效率。仍然需要开展的研究工作包括如下部分。

　　（1）天然材料成本低廉，易获取，将其应用于对电极的粗材料，可以获得较为良好的光电表现。选用具有较强络合能力的天然高分子材料，通过化学键合的形式负载多种具有催化活性的过渡金属离子，在进行有效碳化后，从而创造出更多的催化活性位点，得到高效的对电极材料。

　　（2）过渡金属磷/氮化合物在染敏电池对电极领域得到了广泛应用，并且取得了诸多良好的研究结果。然而大部分的报道均通过设计多元的或选用不同种类的过渡金属，从而获得过渡金属化合物电极。如果将氮硫磷等元素以二元或者三元的形式直接引入过渡金属化合物的制备过程，获得的新材料的催化性能亦值得期待。

（3）光充电电池的容量较小并且可重复性较差，需要对其充放电过程加以深入研究，从而逐步解决这些相关问题。另外关于染敏电池与其他储能器件的杂化整合，仍然可以开发多种转换形式，如通过设计合理的中介电极与合适的电解液，将染敏电池与锂硫电池进行整合，丰富光充电电池的实现种类。

参考文献

［1］ Shafiee S, Topal E. An econometrics view of worldwide fossil fuel consumption and the role of US ［J］. Energy Policy, 2008, 36(2): 775-786.

［2］ Nocera D G. "Fast food"energy ［J］. Energy & Environmental Science, 2010, 3(8): 993-995.

［3］ Hoffert M I, Caldeira K, Benford G, et al. Advanced technology paths to global climate stability: energy for a greenhouse planet ［J］. Science, 2002, 298(5595): 981-987.

［4］ Bilgen S. Structure and environmental impact of global energy consumption ［J］. Renewable Energy Reviews, 2014, 38(10): 890-902.

［5］ Lewis N S. Toward cost-effective solar energy use ［J］. Science, 2007, 315(5813): 798-801.

［6］ Shah A, Torres P, Tscharner R, et al. Photovoltaic technology: The case for thin-film solar cells ［J］. Science, 1999, 285(5428): 692-698.

［7］ Hammond A L. Solar energy: The largest resource ［J］. Science, 1972, 177(4054): 1088-1090.

［8］ Lewis N S, Nocera D G. Powering the planet: Chemical challenges in solar energy utilization ［J］. Proceedings of the National Academy of Sciences, 2006, 103(43): 15729-15735.

［9］ Ragoussi M E, Tomes T. New solar cells: Trends and perspectives ［J］.

Chemical Communications, 2015, 51: 3957-3972.

[10] Wild-Scholten M J. Energy payback time and carbon footprint of commercial photovoltaic systems [J]. Solar Energy Materials and Solar Cells, 2013, 119: 296-305.

[11] Borgarello E, Kiwi J, Pelizzetti E, et al. Photochemical cleavage of water by photocatalysis [J]. Nature, 1981, 289(5794): 158.

[12] Schultz D M, Yoon T P. Solar synthesis: Prospects in visible light photocatalysis [J]. Science, 2014, 343(6174): 1239176.

[13] Nathan S L. Research opportunities to advance solar energy utilization [J]. Science, 2016, 351: 1920.

[14] Polman A, Knight M, Garnett E C, et al. Photovoltaic materials: Present efficiencies and future challenges [J]. Science, 2016, 352: 4424.

[15] Green M A, Ho-Baillie A, Snaith H J. The emergence of perovskite solar cells [J]. Nature Photonic, 2014, 8: 506-514.

[16] Matsuo Y, Yanagisawa A, Yamashita Y. Aglobalenergyoutlookto 2035 with strategicconsiderations for Asia and MiddleEast energysupply and demand interdependencies [J]. Energy Strategy Reviews, 2013, 2: 79-91.

[17] Adams W G, Day R E V. The action of light on selenium[J]. Proceedings of the Royal Society of London, 1877, 25(171-178): 113-117.

[18] Shockley W, Queisser H J. Detailed balance limit of efficiency of p-n junction solar cells [J]. Journal of Applied Physics, 1961, 32(3): 510-519.

[19] De Vos A. Detailed balance limit of the efficiency of tandem solar cells [J]. Journal of Physics D: Applied Physics, 1980, 13(5): 839-846.

[20] Neamen D A. Semiconductor physics and devices [M]. New York: McGraw-Hill, 1997.

[21] Mohan N, Mohan T M. Power electronics [M]. New York: John Wiley &

Sons, 1995.

［22］ Green M A. Solar cells: Operating principles, technology, and system applications ［R］. 1982.

［23］ Singh J. Semiconductor devices: Basic principles ［M］. Hoboken: John Wiley & Sons, 2007.

［24］ Green M A, Emery K, Hishikawa Y, et al. Solar cell efficiency tables(version 37) ［J］. Progress in photovoltaics: research and applications, 2011, 19(1): 84-92.

［25］ Carlson D E, Wronski C R. Amorphous silicon solar cell ［J］. Applied Physics Letters, 1976, 28(11): 671-673.

［26］ Deng X, Schiff E A. Amorphous silicon based solar cells ［R］. 2003.

［27］ Ficcadenti M, Murri R. Basics of thin film solar cells ［R］. 2013.

［28］ Chirila A, Buecheler S, Pianezzi F, et al. Highly efficient Cu(In, Ga)Se2 solar cells grown on flexible polymer films ［J］. Nature Materials, 2011, 10(11): 857-861.

［29］ Kranz L, Gretener C, Perrenoud J, et al. Doping of polycrystalline CdTe for high-efficiency solar cells on flexible metal foil ［J］. Nature Communications, 2013, 4: 2306.

［30］ Repins I, Contreras M A, Egaas B, et al. 19. 9%-efficient $ZnO/CdS/CuInGaSe_2$ solar cell with 81.2% fill factor ［J］. Progress in Photovoltaics: Research and Applications, 2008, 16(3): 235-239.

［31］ O'Regan B, Gratzel M. Alow-cost, high-efficiency solar cell based on dye-sensitized colloidal TiO_2 films［J］. Nature, 1991, 353(6346): 737-740.

［32］ Bach U, Lupo D, Comte P, et al. Solid-state dye-sensitized mesoporous TiO_2 solar cells with high photon-to-electron conversion efficiencies ［J］. Nature, 1998, 395(6702): 583-585.

［33］ Liu M, Johnston M B, Snaith H J. Efficient planar heterojunction perovskite solar cells by vapour deposition [J]. Nature, 2013, 501, 395-398.

[34] Yang W S, Noh J H, Jeon N J, et al. High-performance photovoltaic perovskite layers fabricated through intramolecular exchange [J]. Science, 2015, 348, 1234.

[35] Zhao J, Wang A, Green M A, et al. 19. 8% efficient "honeycomb" textured multicrystalline and 24. 4% monocrystalline silicon solar cells [J]. Applied Physics Letters, 1998, 73(14): 1991-1993.

[36] Zhao J, Green M A, Optimized antireflection coatings for high-efficiency silicon solar Cells[J]. IEEE Trans Electron Devices, 1991, 38: 1925.

[37] Shoori K, Kavei G."Copper Indium Gallium DiSelenide-CIGS Photovoltiac Solar Cell Technology" A review [J]. International Materials Physics Journal, 2013, 1: 15.

[38] King R R, Law D C, Edmondson K M, Fetzer C M, Kinsey G S, Yoon H, Sherif R A, Karam N H, 40% efficient metamorphic Ga In P/Ga In As/Ge multijunction solar cells [J]. Applied Physics Letters, 2007, 90, 183516.

[39] Yang J, Jin Z, Chai Y, et al. Growth and characterization of $CuInSe_2$ thin films prepared by successive ionic layer adsorption and reaction method with different deposition temperatures[J]. Thin Solid Films, 2009, 517(24): 6617-6622.

[40] Mathew S, Yella A, Gao P, et al. Dye-sensitized solar cells with 13% efficiency achieved through the molecular engineering of porphyrin sensitizers [J]. Nat Chem, 2014. 6(3), 242-247.

[41] Ye M X, Wang M, Iocozzia J, et al. Recent advances indye-sensitized solar cells: from photoanodes, sensitizers and electrolytes to counter electrodes [J]. Materials Today, 2015, 18(3), 155-162.

[42] Fromherz T, Padinger F, Gebeyehu D, et al. Comparison of photovoltaic

devices containing various blends of polymer and fullerene derivatives [J].
Solar Energy Materials And Solar Cells, 2000, 63(1): 61-68.

[43] Yu G, Gao J, Hummelen J C, et al. Polymer photovoltaic cells: Enhanced efficiencies viaa network of internal donor-acceptor heterojunctions [J]. Science, 1995, 270, 1789-1791.

[44] Kim J Y, Lee K, Coates N E, et al. Efficienttandem polymer solar cells fabricated by all-solution processing [J]. Science, 2007, 317, 222-225.

[45] You J, Dou L, Yoshimura K, et al. A polymer tandem solar cell with 10.6% power conversion efficiency [J]. Nature Communications, 2013, 4: 1446.

[46] Wang X, Koleilat G I, Tang J, et al. Tandem colloidal quantum dot solar cells employing a graded recombination layer [J]. Nature Photonics, 2011, 5(8): 480-484.

[47] Semonin O E, Luther J M, Choi S, et al. External photocurrent quantum efficiency exceeding 100% via meg in a quantum dot solar cell[J]. Science, 2011(334): 1530-1533.

[48] Shockley W, Queisser H J. Detailed balance limit of efficiency of p-n junction solar cells [J]. Journal of Applied Physics, 1961(32): 510-519.

[49] Pattantyus-AbrahamA G, Kramer I J, Barkhouse A R, et al. Depleted-heterojunction colloidal quantum dot solar cells [J]. American Chemical Society Nano, 2010, 4(6): 3374-3380.

[50] Mitzi D B. Templating and structural engineering in organic-inorganic perovskites [J]. Journal of the Chemical Society [J]. Dalton Transactions, 2001(1): 1-12.

[51] Mitzi D B, Feild C A, Harrison W T A, ct al. Conducting tin halides with a layered organic-based perovskite structure[J]. Nature, 1994, 369(6480): 467.

［52］ Kojima A, Teshima K, Shirai Y, et al. Organometal halide perovskites as visible-light sensitizers for photovoltaic cells ［J］. Journal of the American Chemical Society, 2009, 131(17): 6050-6051.

［53］ Stranks S D, Eperon G E, Grancini G, et al. Electron-hole diffusion lengths exceeding 1 micrometer in an organometal trihalide perovskite absorber ［J］. Science, 2013, 342(6156): 341-344.

［54］ Eperon G E, Burlakov V M, Docampo P, et al. Morphological control for high performance, solution-processed planar heterojunction perovskite solar cells ［J］. Advanced Functional Materials, 2014, 24(1): 151-157.

［55］ ImJ H, Chung J, Kim S J, et al. Synthesis, structure, and photovoltaic property of a nanocrystalline 2H perovskite-type novel sensitizer $(CH_3CH_2NH_3)$ PbI_3 ［J］. Nanoscale Research Letters, 2012, 7(1): 353.

［56］ Koide N, Chiba Y, Han L. Methods of measuring energy conversion efficiency in dye-sensitized solar cells ［J］. Japanese journal of applied physics, 2005, 44(6R): 4176.

［57］ Grätzel M. Conversion of sunlight to electric power by nanocrystalline dye-sensitized solar cells ［J］. Journal of Photochemistry and Photobiology A: Chemistry, 2004, 164(1-3): 3-14.

［58］ Beard M C, Luther J M, Semonin O E, et al. Third generation photovoltaics based on multiple exciton generation in quantum confined semiconductors ［J］. Accounts of chemical research, 2012, 46(6): 1252-1260.

［59］ Mora-Seró I, Giménez S, Moehl T, et al. Factors determining the photovoltaic performance of a CdSe quantum dot sensitized solar cell: the role of the linker molecule and of the counter electrode ［J］. Nanotechnology, 2008, 19(42): 424007.

［60］ Grätzel, M. Conversion of sunlight to electric power by nanocrystalline dye-sensitized solar cells ［J］. Journal of Photochemistry and Photobiology

A: Chemistry, 2004, 164, 3.

[61] Grätzel, M. Solar energy conversion by dye-sensitized photovoltaic cells [J]. Inorganic Chemistry, 2005, 44: 6841.

[62] Nazeeruddin M K, Baranof E, Grätzel M. Dye-sensitized solar cells: A brief overview [J]. Solar energy, 2011, 85: 1172.

[63] Parisi M L, Maranghi S, Basosi R. The evolution of the dye sensitized solar cells from Grätzel prototype to up-scaled solar applications: A life cycle assessment approach [J]. Renewable and Sustainable Energy Reviews, 2014, 39: 124-138.

[64] Park N G, van de Lagemaat J, Frank A J. Comparison of dye-sensitized rutile-and anatase-based TiO_2 solar cells [J]. The Journal of Physical Chemistry B, 2000, 104(38): 8989-8994.

[65] Macak J M, Tsuchiya H, Ghicov A, et al. Dye-sensitized anodic TiO_2nanotubes [J]. Electrochemistry Communications, 2005, 7(11): 1133-1137.

[66] Hao S, Wu J, Fan L, et al. The influence of acid treatment of TiO_2 porous film electrode on photoelectric performance of dye-sensitized solar cell [J]. Solar Energy, 2004, 76(6): 745-750.

[67] Yang L, Lin Y, Jia J G, et al. Light harvesting enhancement for dye-sensitized solar cells by novel anode containing cauliflower-like TiO2spheres [J]. Journal of Power Sources, 2008, 182(1): 370-376.

[68] Roy P, Kim D, Lee K, et al. TiO_2nanotubes and their application in dye-sensitized solar cells [J]. Nanoscale, 2010, 2(1): 45-59.

[69] Nafiseh M, Isabella C, Antonio B, et al. Hierarchically assembled ZnO nanocrystallitesfor high-efficiency dye-sensitized solar cells [J]. Angewandte Chemie, 2011, 50: 12321.

[70] Zhang Q, Dandeneau C S, Zhou X, et al. ZnO nanostructures for dye-sensitized solar cells [J]. Advanced Materials, 2009, 21(41): 4087-4108.

［71］Zhang Q, Dandeneau C S, Candelaria S, et al. Effects of lithium ions on dye-sensitized ZnO aggregate solar cells［J］. Chemistry of Materials, 2010, 22: 2427.

［72］Hagfeldt A, Grätzel M. Molecular photovoltaics［J］. Accounts of Chemical Research, 2000, 33(5): 269-277.

［73］Nazeeruddin M K, De Angelis F, Fantacci S, et al. Combined experimental and DFT-TDDFT computational study of photoelectrochemical cell ruthenium sensitizers［J］. Journal of the American Chemical Society, 2005, 127(48): 16835-16847.

［74］Nazeeruddin M K, Kay A, Rodicio I, et al. Conversion of light to electricity by cis-X_2bis(2, 2′-bipyridyl-4, 4′-dicarboxylate)ruthenium(Ⅱ)charge-transfer sensitizers(X = Cl⁻, Br⁻, I⁻, CN⁻, and SCN⁻)on nanocrystalline titanium dioxide electrodes［J］. Journal of the American Chemical Society, 1993, 115(14): 6382-6390.

［75］Nazeeruddin M K, Zakeeruddin S M, Humphry-Baker R, et al. Acid-Base equilibria of(2, 2'-Bipyridyl-4, 4'-dicarboxylic acid)ruthenium (Ⅱ) complexes and the effect of protonation on charge-transfer sensitization of nanocrystalline titania［J］. Inorganic Chemistry, 1999, 38(26): 6298-6305.

［76］Hagen J, Schaffrath W, Otschik P, et al. Novel hybrid solar cells consisting of inorganic nanoparticles and an organic hole transport material［J］. Synthetic Metals, 1997, 89(3): 215-220.

［77］Tachibana Y, Haque S A, Mercer I P, et al. Electron injection and recombination in dye sensitized nanocrystalline titanium dioxide films: A comparison of ruthenium bipyridyl and porphyrin sensitizer dyes［J］. The Journal of Physical Chemistry B, 2000, 104(6): 1198-1205.

［78］Robertson N. Optimizing dyes for dye-sensitized solar cells［J］. Angewandte Chemie International Edition, 2006, 45: 2338-2345.

[79] Imahori H, Umeyama T, Ito S. Large pi-aromatic molecules as potential sensitizers for highly efficient dye-sensitized solar cells [J]. Accounts of Chemical Research, 2009, 42: 1809-1818.

[80] Mishra A, Fischer M K R, Baeuerle, P. Metal-free organic dyes for dye-sensitized solarcells: From structure: Property relationships to design rules [J]. Angewandte ChemieInternational Edition, 2009, 48: 2474-2499.

[81] Hagfeldt A, Graetzel M. Light-induced redox reactions in nanocrystalline systems [J]. Chemical Reviews, 1995, 95(1): 49-68.

[82] Zistler M, Wachter P, Wasserscheid P, et al. Comparison of electrochemical methods for triiodide diffusion coefficient measurements and observation of non-Stokesian diffusion behaviour in binary mixtures of two ionic liquids [J]. Electrochimica Acta, 2006, 52(1): 161-169.

[83] Wang P, Zakeeruddin S M, Moser J E, et al. A solvent-free, $SeCN^-/(SeCN)_3^-$ based ionic liquid electrolyte for high-efficiency dye-sensitized nanocrystalline solar cells [J]. Journal of the American Chemical Society, 2004, 126(23): 7164-7165.

[84] Oskam G, Bergeron B V, Meyer G J, et al. Pseudohalogens for dye-sensitized TiO_2 photoelectrochemical cells [J]. The Journal of Physical Chemistry B, 2001, 105(29): 6867-6873.

[85] Bach U, Grätzel M. Solid-state dye-sensitized mesoporous TiO_2 solar cells with high photon-to-electron conversion efficiencies [J]. Nature, 1998, 395: 583.

[86] Snaith H J, Schmidt M L. Advances in liquid-electrolyte and solid-statedye-sensitized solar cells [J]. Advanced Materials, 2007, 19: 3187-3200.

［87］ Kim J M, Rhee S W. Electrochemical properties of porous carbon black layer as an electron injector into iodide redox couple ［J］. Electrochimica Acta, 2012, 83: 264-270.

［88］ Xu X, Yang W, Chen B, et al. Phosphorus-doped porous graphene nanosheet as metal-free electrocatalyst for triiodide reduction reaction in dye-sensitized solar cell ［J］. Applied Surface Science, 2017, 405: 308-315.

［89］ Joshi P, Zhang L, Chen Q, et al. Electrospun carbon nanofibers as low-cost counter electrode for dye-sensitized solar cells ［J］. ACS applied materials & interfaces, 2010, 2(12): 3572-3577.

［90］ Lee K S, Lee H K, Wang D H, et al. Dye-sensitized solar cells with Pt-and TCO-free counter electrodes［J］. Chemical Communications, 2010, 46(25): 4505-4507.

［91］ Wu K, Chen L, Sun X, et al. Transition-metal-modified polyaniline nanofiber counter electrode for dye-sensitized solar cells ［J］. ChemElectroChem, 2016, 3(11): 1922-1926.

［92］ Wu J, Li Q, Fan L, et al. High-performance polypyrrole nanoparticles counter electrode for dye-sensitized solar cells ［J］. Journal of Power Sources, 2008, 181(1): 172-176.

［93］ Wan Z, Jia C, Wang Y. In situ growth of hierarchical NiS_2 hollow microspheres as efficient counter electrode for dye-sensitized solar cell ［J］. Nanoscale, 2015, 7(29): 12737-12742.

［94］ Wei W, Sun K, Hu Y H. An efficient counter electrode material for dye-sensitized solar cellsflower-structured 1T metallic phase MoS_2 ［J］. Journal of Materials Chemistry A, 2016, 4(32): 12398-12401.

［95］ Lou Y, Zhao W, Li C, et al. Application of $Cu_3InSnSe_5$ heteronanostructures as counter electrodes for dye-sensitized solar cells ［J］. ACS applied materials & interfaces, 2017, 9(21): 18046-18053.

[96] Guo S, Jing T, Zhang X, et al. Mesoporous Bi_2S_3 nanorods with graphene-assistance as low-cost counter-electrode materials in dye- sensitized solar cells [J]. Nanoscale, 2014, 6(23): 14433-14440.

[97] Zhang X, Yang Y, Guo S, et al. Mesoporous $Ni_{0.85}Se$ nanospheres grown in situ on graphene with high performance in dye-sensitized solar cells [J]. ACS Applied Materials & Interfaces, 2015, 7(16): 8457-8464.

[98] Li G, Wang F, Jiang Q, et al. Carbonnanotubes with titanium nitride as a low-cost counter-electrode material for dye-sensitized solar cells [J]. Angewandt Chemie International Edition, 2010, 49(21): 3653-3656.

[99] Loll B, Kern J, Saenger W, et al. Towards complete cofactor arrangement in the 3. 0 Å resolution structure of photosystem II [J]. Nature, 2005, 438(7070): 1040.

[100] Listorti A, O'Regan B, Durrant J R. Electron transfer dynamics in dye-sensitized solar cells [J]. Chemistry of Materials, 2011, 23(15): 3381-3399.

[101] Schlichthörl G, Huang S Y, Sprague J, et al. Band edge movement and recombination kinetics in dye-sensitized nanocrystalline TiO_2 solar cells: A study by intensity modulated photovoltage spectroscopy [J]. The Journal of Physical Chemistry B, 1997, 101(41): 8141-8155.

[102] van de Lagemaat J, Park N G, Frank A J. Influence of electrical potential distribution, charge transport, and recombination on the photopotential and photocurrent conversion efficiency of dye-sensitized nanocrystalline TiO_2 solar cells: A study by electrical impedance and optical modulation techniques [J]. The Journal of Physical Chemistry B, 2000, 104(9): 2044-2052.

[103] de Jongh P E, Vanmaekelbergh D. Investigation of the electronic transport

properties of nanocrystalline particulate TiO_2 electrodes by intensity-modulated photocurrent spectroscopy [J]. The Journal of Physical Chemistry B, 1997, 101(14): 2716-2722.

[104] Zhu K, Vinzant T B, Neale N R, et al. Removing structural disorder from oriented TiO_2 nanotube arrays: Reducing the dimensionality of transport and recombination in dye-sensitized solar cells [J]. Nano Letters, 2007, 7(12): 3739-3746.

[105] Hagfeldt A, Lindquist S E, Grätzel M. Charge carrier separation and charge transport in nanocrystalline junctions [J]. Solar energy materials and solar cells, 1994, 32(3): 245-257.

[106] Haque S A, Tachibana Y, Klug D R, et al. Charge recombination kinetics in dye-sensitized nanocrystalline titanium dioxide films under externally applied bias [J]. The Journal of Physical Chemistry B, 1998, 102(10): 1745-1749.

[107] Anderson A Y, Barnes P R F, Durrant J R, et al. Quantifying regeneration in dye-sensitized solar cells [J]. The Journal of Physical Chemistry C, 2011, 115(5): 2439-2447.

[108] Zhang B, Yuan H, Zhang X, et al. Investigation of regeneration kinetics in quantum-dots-sensitized solar cells with scanning electrochemical microscopy [J]. ACS Applied Materials & Interfaces, 2014, 6(23): 20913-20918.

[109] Gregg B A, Pichot F, Ferrere S, et al. Interfacial recombination processes in dye-sensitized solar cells and methods to passivate the interfaces [J]. The Journal of Physical Chemistry B, 2001, 105(7): 1422-1429.

[110] Hauch A, Georg A. Diffusion in the electrolyte and charge-transfer reaction at the platinum electrode in dye-sensitized solar cells [J]. Electrochimica Acta, 2001, 46(22): 3457-3466.

[111] Nozik A J, Memming R. Physical chemistry of semiconductor-liquid

interfaces [J]. The Journal of Physical Chemistry, 1996, 100(31): 13061-13078.

[112] Gerischer H. Kinetics of oxidation-reduction reactions on metals and semiconductors. I. General remarks on the electron transition between a solid body and a reduction-oxidation electrolyte [J]. Zeitschrift für Physikalische Chemie, 1960, 26: 223-247.

[113] Adachi M, Sakamoto M, Jiu J, et al. Determination of parameters of electron transport in dye-sensitized solar cells using electrochemical impedance spectroscopy [J]. The Journal of Physical Chemistry B, 2006, 110(28): 13872-13880.

[114] Wang Q, Zhang Z, Zakeeruddin S M, et al. Enhancement of the performance of dye-sensitized solar cell by formation of shallow transport levels under visible light illumination [J]. The Journal of Physical Chemistry C, 2008, 112(17): 7084-7092.

[115] Wu M, Wang Y, Lin X, et al. Economical and effective sulfide catalysts for dye-sensitized solar cells as counter electrodes [J]. Physical Chemistry Chemical Physics, 2011, 13(43): 19298-19301.

[116] Wu M, Lin X, Wang Y, et al. Economical Pt-free catalysts for counter electrodes of dye-sensitized solar cells [J]. Journal of the American Chemical Society, 2012, 134(7): 3419-3428.

[117] Wang Q, Moser J E, Grätzel M. Electrochemical impedance spectroscopic analysis of dye-sensitized solar cells [J]. The Journal of Physical Chemistry B, 2005, 109(31): 14945-14953.

[118] Macdonald J R. Impedance spectroscopy and its use in analyzing the steady-state AC response of solid and liquid electrolytes [J]. Journal of electroanalytical chemistry and interfacial electrochemistry, 1987, 223(1-2): 25-50.

［119］ Zhang T., Yun S., Li X., et al. Fabrication of niobium-based oxides/oxynitrides/ nitrides and their applications in dye-sensitized solar cells and anaerobic digestion ［J］. Journal of Power Sources, 2017(340): 325-336.

［120］ Yun S. , Wu M. , Wang Y. , et al. Pt-like behavior of high-performance counter electrodes prepared from binary tantalum compounds showing high electrocatalytic activity for dye-sensitized solar cells［J］. Chemistry-Sustainability-Energy-Materials, 2013, 6(3): 411-416.

［121］ Gao Z, Wang L, Chang J, et al. Nitrogen doped porous graphene as counter electrode for efficient dye sensitized solar cell［J］. Electrochimica Acta, 2016, 188: 441-449.

［122］ Yu C, Liu Z, Meng X, et al. Nitrogen and phosphorus dual-doped graphene as a metal-free high-efficiency electrocatalyst for triiodide reduction ［J］. Nanoscale, 2016, 8(40): 17458-17464.

［123］ Shrestha A, Batmunkh M, Shearer C J, et al. Nitrogen-doped CN_x/CNTs heteroelectrocatalysts for highly efficient dye-sensitized solar cells ［J］. Advanced Energy Materials, 2017, 7(8): 1602276-1602284.

［124］ Xue Y, Liu J, Chen H, et al. Nitrogen-doped graphene foams as metal-free counter electrodes in high-performance dye-sensitized solar cells ［J］. Angewandte Chemie International Edition, 2012, 51(48): 12124-12127.

［125］ Wang G, Kuang S, Wang D, et al. Nitrogen-doped mesoporous carbon as low-cost counter electrode for high-efficiency dye-sensitized solar cells ［J］. Electrochimica Acta, 2013, 113: 346-353.

［126］ Gong K, Du F, Xia Z, et al. Nitrogen-doped carbon nanotube arrays with high electrocatalytic activity for oxygen reduction ［J］. science, 2009, 323(5915): 760-764.

［127］ Ju M J, Kim J C, Choi H J, et al. N-doped graphene nanoplatelets as superior metal-free counter electrodes for organic dye-sensitized solar cells [J]. American Chemical Society Nano, 2013, 7(6): 5243-5250.

[128] Liu R, Wu D, Feng X, et al. Nitrogen-doped ordered mesoporous graphitic arrays with high electrocatalytic activity for oxygen reduction [J]. Angewandte Chemie, 2010, 122(14): 2619-2623.

[129] Song L, Liu Z, Reddy A L M, et al. Binary and ternary atomic layers built from carbon, boron, and nitrogen [J]. Advanced Materials, 2012, 24(36): 4878-4895.

[130] Lee B, Buchholz D B, Chang R P H. An all carbon counter electrode for dye sensitized solar cells [J]. Energy & Environmental Science, 2012, 5(5): 6941-6952.

[131] Yu C, Liu Z, Meng X, et al. Nitrogen and phosphorus dual-doped graphene as a metal-free high-efficiency electrocatalyst for triiodide reduction [J]. Nanoscale, 2016, 8(40): 17458-17464.

[132] Ai W, Luo Z, Jiang J, et al. Nitrogen and sulfur codoped graphene: Multifunctional electrode materials for high-performance Li-ion batteries and oxygen reduction reaction [J]. Advanced Materials, 2014, 26(35): 6186-6192.

[133] Yu C, Fang H, Liu Z, et al. Chemically grafting graphene oxide to B N co-doped graphene via ionic liquid and their superior performance for triiodide reduction [J]. Nano Energy, 2016, 25: 184-192.

[134] Zhang J, Cai Y, Zhong Q, et al. Porous nitrogen-doped carbon derived from silk fibroin protein encapsulating sulfur as a superior cathode material for high-performance lithium-sulfur batteries [J]. Nanoscale, 2015, 7(42): 17791-17797.

[135] Xiao K, Ding L X, Chen H, et al. Nitrogen-doped porous carbon derived from residuary shaddock peel: A promising and sustainable anode for high

energy density asymmetric supercapacitors ［J］. Journal of Materials Chemistry A, 2016, 4(2): 372-378.

［136］ Yuan T, He Y S, Zhang W, et al. A nitrogen-containing carbon film derived from vapor phase polymerized polypyrrole as a fast charging/ discharging capability anode for lithium-ion batteries ［J］. Chemical Communications, 2016, 52(1): 112-115.

［137］ Zhang Y, Wang F, Zhu H, et al. Preparation of nitrogen-doped biomass-derived carbon nanofibers/graphene aerogel as a binder-free electrode for high performance supercapacitors ［J］. Applied Surface Science, 2017, 426: 99-106.

［138］ Wang B, Li S, Wu X, et al. Biomass chitin-derived honeycomb-like nitrogen-doped carbon/graphene nanosheet networks for applications in efficient oxygen reduction and robust lithium storage ［J］. Journal of Materials Chemistry A, 2016, 4(30): 11789-11799.

［139］ Yuan H, Deng L, Cai X, et al. Nitrogen-doped carbon sheets derived from chitin as non-metal bifunctional electrocatalysts for oxygen reduction and evolution ［J］. Royal Society of Chemistry Advances, 2015, 5(69): 56121-56129.

［140］ Zhang Y, Wang F, Zhu H, et al. Elongated TiO_2 nanotubes directly grown on graphene nanosheets as an efficient material for supercapacitors and absorbents ［J］. Composites Part A: Applied Science and Manufacturing, 2017, 101: 297-305.

［141］ Di Y, Xiao Z, Chen B, et al. $LiFePO_4$/TiO_2/Pt composite film used as effective and robust counter electrode for dye sensitized solar cells ［J］. Journal of Materials Science: Materials in Electronics, 2017, 28(24): 18396-18403.

［142］ Ma J, Shen W, Yu F. Graphene-enhanced three-dimensional structures of

MoS$_2$ nanosheets as a counter electrode for Pt-free efficient dye-sensitized solar cells [J]. Journal of Power Sources, 2017, 351: 58-66.

[143] Qie L, Chen W M, Wang Z H, et al. Nitrogen-doped porous carbon nanofiber webs as anodes for lithium ion batteries with a superhigh capacity and rate capability [J]. Advanced materials, 2012, 24(15): 2047-2050.

[144] Zhang W, Sherrell P, Minett A I, et al. Carbon nanotube architectures as catalyst supports for proton exchange membrane fuel cells [J]. Energy & Environmental Science, 2010, 3(9): 1286-1293.

[145] Qu K, Zheng Y, Dai S, et al. Polydopamine-graphene oxide derived mesoporous carbon nanosheets for enhanced oxygen reduction [J]. Nanoscale, 2015, 7(29): 12598-12605.

[146] Gao S, Geng K, Liu H, et al. Transforming organic-rich amaranthus waste into nitrogen-doped carbon with superior performance of the oxygen reduction reaction [J]. Energy & Environmental Science, 2015, 8(1): 221-229.

[147] Kankate L, Turchanin A, Golzhauser A. On the release of hydrogen from the S-H groups in the formation of self-assembled monolayers of thiols [J]. Langmuir, 2009, 25(18): 10435-10438.

[148] Sun D, Ban R, Zhang P H, et al. Hair fiber as a precursor for synthesizing of sulfur-and nitrogen-co-doped carbon dots with tunable luminescence properties [J]. Carbon, 2013, 64: 424-434.

[149] Zhou H, Yin J, Nie Z, et al. Earth-abundant and nano-micro composite catalysts of Fe$_3$O$_4$@ reduced graphene oxide for green and economical mesoscopic photovoltaic devices with high efficiencies up to 9% [J]. Journal of Materials Chemistry A, 2016, 4(1): 67-73.

[150] Yang W, Xu X, Li Z, et al. Construction of efficient counter electrodes for

dye-sensitized solar cells: Fe_2O_3 nanoparticles anchored onto graphene frameworks [J]. Carbon, 2016, 96: 947-954.

[151] Jiang Q W, Li G R, Wang F, et al. Highly ordered mesoporous carbon arrays from natural wood materials as counter electrode for dye-sensitized solar cells [J]. Electrochemistry Communications, 2010, 12(7): 924-927.

[152] He Q, Huang S, Zai J, et al. Efficient counter electrode manufactured from Ag_2S nanocrystal ink for dye-sensitized solar cells [J]. Chemistry-A European Journal, 2015, 21(43): 15153-15157.

[153] Roy-Mayhew J D, Bozym D J, Punckt C, et al. Functionalized graphene as a catalytic counter electrode in dye-sensitized solar cells [J]. American Chemical Society Nano, 2010, 4(10): 6203-6211.

[154] Biallozor S, Kupniewska A. Study on poly(3, 4-ethylenedioxy- thiophene) behaviour in the I^-/I_2 solution [J]. Electrochemistry communications, 2000, 2(7): 480-486.

[155] Huang N, Zhang S, Huang H, et al. Pt-sputtering-like $NiCo_2S_4$ counter electrode for efficient dye-sensitized solar cells [J]. Electrochimica Acta, 2016, 192: 521-528.

[156] Wang Y C, Wang D Y, Jiang Y T, et al. FeS_2 Nanocrystal Ink as a Catalytic Electrode for Dye-Sensitized Solar Cells [J]. Angewandte Chemie International Edition, 2013, 52(26): 6694-6698.

[157] Bard A J, Faulkner L R. Electrochemical Methods: Fundamentals and Applications [M]. New York: John Wiley & Sons, 2001.

[158] Gong J, Sumathy K, Qiao Q, et al. Review on dye-sensitized solar cells(DSSCs): Advanced techniques and research trends[J]. Renewable & Sustainable Energy Reviews, 2017, 68: 234-246.

[159] Cole J M, Pepe G, Bahari O K Al, et al. Cosensitization in dye-sensitized

solar cells [J]. Chemical Reviews, 2019, 119(12): 7279-7327.

[160] Selopal G S, Milan R, Ortolani L, et al. Graphene as transparent front contact for dye sensitized solar cells [J]. Solar Energy Materials And Solar Cells, 2015, 135: 99-105.

[161] Dembele K T, Selopal G S, Soldano C, et al. Hybrid carbon nanotubes-TiO_2 photoanodes for high efficiency dye-sensitized solar cells [J]. Journal of Physical Chemistry C, 2013, 117: 14510-14517.

[162] Goncalves L M, Bermudez V Z, Ribeiro H A, et al. Dye-sensitized solar cells: A safe bet for the Future [J]. Energy & Environmental Science, 2008, 1: 655-667.

[163] Jacoby M. The future of low-cost solar cells [J]. Chemical & Engineering News, 2016, 94: 30-35.

[164] Yun S, Hagfeldt A, Ma T. Pt-free counter electrode for dye-sensitized solar cells with high efficiency [J]. Advanced Materials, 2014, 26: 6210-6237.

[165] Wu J, Lan Z, Lin J, et al. Counter electrodes in dye-sensitized solar cells [J]. Chemical Society Reviews, 2017, 46: 5975-6023.

[166] Chen M, Shao L L. Review on the recent progress of carbon counter electrodes for dye-sensitized solar cells [J]. Chemical Engineering Journal, 2016, 304: 629-645.

[167] Xiang C, Lv T, Okonkwo C A, et al. Nitrogen-doped bagasse-derived carbon/low Pt composite as counter electrodes for high efficiency dye-sensitized solar cell [J]. Journal of The Electrochemical Society, 2017, 164(4): H203-H210.

[168] Zhang J, Hao Y, Yang L, et al. Electrochemically polymerized poly(3, 4-phenylenedioxythiophene) as efficient and transparent counter electrode for dye sensitized solar cells [J]. Electrochimica Acta, 2019,

300: 482-488.

[169] Muto T, Ikegami M, Miyasaka T. Polythiophene-based mesoporous counter electrodes for plastic dye-sensitized solar cells [J]. Journal of the Electrochemical Society, 2010, 157: B1195-B1200.

[170] Ganesh R S, Silambarasan K, Durgadevi E, et al. Metal sulfide nanosheet-nitrogen-doped graphene hybrids as low-cost counter electrodes for dye-sensitized solar cells [J]. Applied Surface Science, 2019, 480: 177-185.

[171] Licklederer M, Cha G, Hahn R, Schmuki P. Ordered Nanotubular Titanium Disulfide(TiS$_2$)Structures: Synthesis and Use as Counter Electrodes in Dye Sensitized Solar Cells(DSSCs) [J]. Journal of the Electrochemical Society, 2019, 166: H3009-H3013.

[172] Selopal G S, Concina I, Milan M M R, et al. Hierarchical self-assembled Cu$_2$S nanostructures: Fast and reproducible spray deposition of effective counter electrodes for high efficiency quantum dot solar cells [J]. Nano Energy, 2014, 6: 200-210.

[173] Wu M S, Lin J C. Dual doping of mesoporous carbon pillars with oxygen and sulfur as counter electrodes for iodide/triiodide redox mediated dye-sensitized solar cells [J]. Applied Surface Science, 2019, 471: 455-461.

[174] Xu X, Yang W, Chen B, et al. Phosphorus-doped porous graphene nanosheet as metal-free electrocatalyst for triiodide reduction reaction in dye-sensitized solar cell [J]. Applied Surface Science, 2017, 405: 308-315.

[175] Li J, Yun S, Zhou X, et al. Incorporating transition metals(Ta/Co)into nitrogen-doped carbon as counter electrode catalysts for dye-sensitized solar cells [J]. Carbon, 2018, 126: 145-155.

160

[176] Ou J, Gong C, Xiang J, et al. Noble metal-free Co@N-doped carbon nanotubes as efficient counter electrode in dye-sensitized solar cells [J]. Solar Energy, 2018, 174: 225-230.

[177] Tsai C H, Shih C J, Wang W S, et al. Fabrication of reduced graphene oxide/macrocyclic cobalt complex nanocomposites as counter electrodes for Pt-free dye-sensitized solar cells [J]. Applied Surface Science, 2018, 434: 412-422.

[178] Yang Y J, Wang B, Guo X J, et al. Investigating adsorption performance of heavy metals onto humic acid from sludge using Fourier-transform infrared combined with two-dimensional correlation spectroscopy [J]. Environmental Science and Pollution Research, 2019, 26(10): 1-9.

[179] Zhang C, Katayama A. Humin as an electron mediator for microbial reductive dehalogenation [J]. Environmental Science & Technology, 2012, 46: 6575-6583.

[180] Jia M, Chang P P, Wang C Y, et al. Humic acid-derived hierarchical porous carbon preparation using vacuum freeze-drying for electric double layer capacitors [J]. Journal of the American Chemical Society, 2018, 65: 835-840.

[181] Zhao P Y, Yu B J, Sun S, et al. High-performance anode of sodium ion battery from polyacrylonitrile/humic acid composite electrospun carbon fibers [J]. Electrochimica Acta, 2017, 232: 348-356.

[182] Di Y, Xiao Z, Zhao Z, et al. Bimetallic NiCoP nanoparticles incorporating with carbon nanotubes as efficient and durable electrode materials for dye sensitized solar cells [J]. J. Alloy. Compd. , 2019, 788: 198-205.

[183] Li Y, Liu X, Li H, et al. Rational design of metal organic framework derived hierarchical structural nitrogen doped porous carbon coated CoSe/nitrogen doped carbon nanotubes composites as a robust Pt-free

electrocatalyst for dye-sensitized solar cells〔J〕. Journal of Power Sources, 2019, 422: 122-130.

〔184〕 Ou J, Xiang J, Liu J, et al. Surface-supported metal-organic framework thin film derived transparent CoS1. 097@N-doped carbon film as an efficient counter electrode for bifacial dye-sensitized solar cells〔J〕. American Chemical Society Applied Materials & Interfaces, 2019, 11: 14862-14870.

〔185〕 Helal A, Murad G, Helal A. Characterization of different humic materials by various analytical techniques〔J〕. Arabian Journal of Chemistry, 2011, 4: 51-54.

〔186〕 Wei Z, Xi B, Zhao Y, et al. Effect of inoculating microbes in municipal solid waste composting on characteristics of humic acid〔J〕. Chemosphere, 2007, 68: 368-374.

〔187〕 Colombo C, Palumbo G, Sellitto V M, et al. Characteristics of insoluble, high molecular weight iron-humic substances used as plant iron sources〔J〕. Soil Science Society of America Journal, 2012, 76: 1246-1256.

〔188〕 Zhang C, Zhang D, Li Z, et al. Insoluble Fe-humic acid complex as a solid-phase electron mediator for microbial reductive dechlorination〔J〕. Environmental Science & Technology, 2014, 48: 6318-6325.

〔189〕 Aracely S C, Aurora P E, J. Rene R M, et al. Immobilization of metal-humic acid complexes in anaerobic granular sludge for their application as solid-phase redox mediators in the biotransformation of iopromide in UASB reactors〔J〕. Bioresource Technology, 2016, 207: 39-45.

〔190〕 Zhu Y, Chen M, Li Q, et al. High-yield humic acid-based hard carbons as promising anode materials for sodium-ion batteries〔J〕. Carbon, 2017, 123: 727-734.

[191] Yang S, Huang Y, Han G, et al. Sn/C composite as anode material for lithium-ion batteries with humic acid as carbon source [J]. International Journal of Electrochemical Science, 2018, 13: 9592-9599.

[192] Zhang Y, Yun S, Wang C, et al. Bio-based carbon-enhanced tungsten-based bimetal oxides as counter electrodes for dye-sensitized solar cells [J]. Journal of Power Sources, 2019, 423: 339-348.

[193] Shulga Y, Baskakov S, Baskakova Y, et al. Hybrid porous carbon materials derived from composite of humic acid and graphene oxide [J]. Microporous and Mesoporous Materials, 2017, 245: 24-30.

[194] Fang Z, Qiu X, Chen J, et al. Debromination of polybrominated diphenyl ethers by Ni/Fe bimetallic nanoparticles: Influencing factors, kinetics, and mechanism [J]. Journal Of Hazardous Materials, 2011, 185: 958-969.

[195] Chen M, Zhao G, Shao L L, et al. Controlled synthesis of nickel encapsulated into nitrogen-doped carbon nanotubes with covalent bonded interfaces: The structural and electronic modulation strategy for an efficient electrocatalyst in dye-sensitized solar cells [J]. Chemical Materials, 2017, 29: 9680-9694.

[196] Wang L, He J, Zhou M, et al. Copper indium disulfide nanocrystals supported on carbonized chicken eggshell membranes as efficient counter electrodes for dye-sensitized solar cells [J]. Journal of Power Sources, 2016, 315: 79-85.

[197] Ahmad W, Yang Z, Khan J, et al. Extraction of nano-silicon with activated carbons simultaneously from rice husk and their synergistic catalytic effect in counter electrodes of dye-sensitized solar cells [J]. Scientific Reports, 2016, 6: 39314.

[198] Yun S, Zhou X, Zhang Y, et al. Tantalum-based bimetallic oxides

deposited on spherical carbon of biological origin for use as counter electrodes in dye sensitized solar cells [J]. Electrochimica Acta, 2019, 309: 371-381.

[199] Mousavi F, Shamsipur M A A, Taherpour A, et al. A rhodium-decorated carbon nanotube cathode material in the dye-sensitized solar cell: Conversion efficiency reached to 11% [J]. Electrochimica Acta, 2019, 308: 373-383.

[200] Chang B Y, Park S M. Electrochemical impedance spectroscopy [J]. Annual Review of Analytical Chemistry, 2010, 3: 207-229.

[201] Hong W, Xu Y, Lu G, et al. Transparent graphene/PEDOT-PSS composite films as counter electrodes of dye-sensitized solar cells [J]. Electrochemistry Communications, 2008, 10(10): 1555-1558.

[202] Ramasamy M S, Nikolakapoulou A, Raptis D, et al. Reduced graphene oxide/Polypyrrole/PEDOT composite films as efficient Pt-free counter electrode for dye-sensitized solar cells [J]. Electrochimica Acta, 2015, 173: 276-281.

[203] Koussi-Daoud S, Schaming D, Martin P, et al. Gold nanoparticles and poly(3, 4-ethylenedioxythiophene)(PEDOT)hybrid films as counter-electrodes for enhanced efficiency in dye-sensitized solar cells [J]. Electrochimica Acta, 2014, 125: 601-605.

[204] Zheng M, Huo J, Tu Y, et al. An in situ polymerized PEDOT/Fe$_3$O$_4$ composite as a Pt-free counter electrode for highly efficient dye sensitized solar cells [J]. Royal Society of Chemistry Advances, 2016, 6(2): 1637-1643.

[205] Yi Z, Ye J, Kikugawa N, et al. An orthophosphate semiconductor with photooxidation properties under visible-light irradiation [J]. Nature

materials, 2010, 9(7): 559.

[206] Samal A, Swain S, Satpati B, et al. 3D $Co_3(PO_4)_2$-reduced graphene oxide flowers for photocatalytic water splitting: A type II staggered heterojunction system [J]. Chemistry-Sustainability-Energy-Materials, 2016, 9(22): 3150-3160.

[207] Wang Y, Wang K, Wang X. Preparation of $Ag_3PO_4/Ni_3(PO_4)_2$ hetero-composites by cation exchange reaction and its enhancing photocatalytic performance [J]. Journal of colloid and interface science, 2016, 466: 178-185.

[208] Xiao Y, Lin J Y, Tai S Y, et al. Pulse electropolymerization of high performance PEDOT/MWCNT counter electrodes for Pt-free dye-sensitized solar cells [J]. Journal of Materials Chemistry, 2012, 22(37): 19919-19925.

[209] Kvarnström C, Neugebauer H, Ivaska A, et al. Vibrational signatures of electrochemical p-and n-doping of poly(3, 4-ethylenedioxy- thiophene) films: An in situ attenuated total reflection Fourier transform infrared (ATR-FTIR) study [J]. Journal of Molecular Structure, 2000, 521(1-3): 271-277.

[210] Lin Y F, Li C T, Ho K C. A template-free synthesis of the hierarchical hydroxymethyl PEDOT tube-coral array and its application in dye-sensitized solar cells [J]. Journal of Materials Chemistry A, 2016, 4(2): 384-394.

[211] Chen J G, Wei H Y, Ho K C. Using modified poly(3, 4-ethylene dioxythiophene): Poly(styrene sulfonate)film as a counter electrode in dye-sensitized solar cells [J]. Solar Energy Materials and Solar Cells, 2007, 91(15-16): 1472-1477.

[212] Yeh M II, Lin L Y, Lcc C P, et al. Λ composite catalytic film of PEDOT: PSS/TiN-NPs on a flexible counter-electrode substrate for a dye-

sensitized solar cell [J]. Journal of Materials Chemistry, 2011, 21(47): 19021-19029.

[213] Sun W, Peng T, Liu Y, et al. Hierarchically porous hybrids of polyaniline nanoparticles anchored on reduced graphene oxide sheets as counter electrodes for dye-sensitized solar cells [J]. Journal of Materials Chemistry A, 2013, 1(8): 2762-2768.

[214] Wang H, Wei W, Hu Y H. Efficient ZnO-based counter electrodes for dye-sensitized solar cells [J]. Journal of Materials Chemistry A, 2013, 1(22): 6622-6628.

[215] Li C T, Chang H Y, Li Y Y, et al. Electrocatalytic zinc composites as the efficient counter electrodes of dye-sensitized solar cells: Study on the electrochemical performances and density functional theory calculations [J]. ACS applied materials & interfaces, 2015, 7(51): 28254-28263.

[216] Dao V D. Comment on "Energy storage via polyvinylidene fluoride dielectric on the counter electrode of dye-sensitized solar cells" by Jiang et al [J]. Journal of Power Sources, 2017, 337: 125-129.

[217] Yu Y H, Teng I J, Hsu Y C, et al. Covalent bond-grafted soluble poly (o-methoxyaniline)-graphene oxide composite materials fabricated as counter electrodes of dye-sensitised solar cells [J]. Organic Electronics, 2017, 42: 209-220.

[218] LiH, Xiao Y, Han G, et al. A transparent honeycomb-like poly(3, 4-ethylenedioxythiophene)/multi-wall carbon nanotube counter electrode for bifacial dye-sensitized solar cells [J]. Organic Electronics, 2017, 50: 161-169.

[219] Fabregat S F, Bisquert J, Palomares E, et al. Correlation between photovoltaic performance and impedance spectroscopy of dye-sensitized solar cells based on ionic liquids [J]. The Journal of Physical Chemistry C,

2007, 111(17): 6550-6560.

[220] Huang N, Li G, Huang H, et al. One-step solvothermal tailoring the compositions and phases of nickel cobalt sulfides on conducting oxide substrates as counter electrodes for efficient dye-sensitized solar cells [J]. Applied Surface Science, 2016, 390: 847-855.

[221] He Q, Huang S, Zai J, et al. Efficient counter electrode manufactured from Ag_2S nanocrystal ink for dye-sensitized solar cells [J]. Chemistry-A European Journal, 2015, 21(43): 15153-15157.

[222] Li C T, Tsai Y L, Ho K C. Earth abundant silicon composites as the electrocatalytic counter electrodes for dye-sensitized solar cells [J]. ACS applied materials & interfaces, 2016, 8(11): 7037-7046.

[223] Pan Y, Liu Y, Zhao J, et al. Monodispersed nickel phosphide nanocrystals with different phases: Synthesis, characterization and electrocatalytic properties for hydrogen evolution [J]. Journal of Materials Chemistry A, 2015, 3: 1656-1665.

[224] Zhao Y, Fan G, Yang L, et al. Assembling Ni-Co phosphides/carbon hollow nanocages and nanosheets with carbon nanotubes into a hierarchical necklace-like nanohybrid for electrocatalytic oxygen evolution reaction [J]. Nanoscale, 2018, 10: 13555-13564.

[225] Zhao K, Zhang X, Wang M, et al. Electrospun carbon nanofibers decorated with $Pt-Ni_2P$ nanoparticles as high efficiency counter electrode for dye-sensitized solar cells [J]. Journal of Alloys and Compounds, 2019, 786: 50-55.

[226] Su L, Li H, Xiao Y, et al. Synthesis of ternary nickel cobalt phosphide nanowires through phosphorization for use in platinum-free dye-sensitized solar cells [J]. Journal of Alloys and Compounds, 2017, 771: 117-123.

[227] Luo J, Zheng Z, Kumamoto A, et al. PEDOT coated iron phosphide

167

nanorod arrays as high-performance supercapacitor negative electrodes [J]. Chemical Communications, 2018, 54: 794-797.

[228] Li J, Yan M, Zhou X, et al. Mechanistic insights on ternary $Ni_{2-x}Co_xP$ for hydrogen evolution and their hybrids with graphene as highly efficient and robust catalysts for overall water splitting [J]. Advanced Functional Materials, 2016, 26: 6785-6796.

[229] Zheng M, Huo J, Tu Y, et al. An in situ polymerized PEDOT/Fe_3O_4 composite as a Pt-free counter electrode for highly efficient dye sensitized solar cells [J]. Royal Society of Chemistry Advances, 2016, 6: 1637-1643.

[230] Chang J, Feng L, Liu C, et al. An effective Pd-Ni_2P/C anode catalyst for direct formic acid fuel cells [J]. Angwandte Chemie International Edition, 2014, 53: 122-126.

[231] Zhuang M, Ou X, Dou Y, et al. Polymer-embedded fabrication of Co_2P nanoparticles encapsulated in N, P-doped graphene for hydrogen generation [J]. Nano Letters, 2016, 16: 4691-4698.

[232] Seo H, Son M K, Itagaki N, et al. Polymer counter electrode of poly(3, 4-ethylenedioxythiophene): Poly(4-styrenesulfonate)containing TiO_2 nano-particles for dye-sensitized solar cells [J]. Journal of Power Sources, 2016, 307: 25-30.

[233] Chen J G, Wei H Y, Ho K C. Using modified poly (3, 4-ethylene dioxythiophene): Poly (styrene sulfonate) film as a counter electrode in dye-sensitized solar cells [J]. Solar Energy Materials And Solar Cells, 2007, 91: 1472-1477.

[234] Fabregat S F, Bisquert J, Palomares E, et al. Correlation between photovoltaic performance and impedance spectroscopy of dye-sensitized solar cells based on ionic liquids [J]. Journal of Physical Chemistry C,

2007, 111: 6550-6560.

[235] Huang S, Li S, He Q, et al. Formation of $CoTe_2$ embedded in nitrogen-doped carbon nanotubes-grafted polyhedrons with boosted electrocatalytic properties in dye-sensitized solar cells[J]. Applied Surface Science, 2019, 476: 769-777.

[236] Li H, Qian X, Zhu C, et al. Template synthesis of $CoSe_2/Co_3Se_4$ nanotubes: tuning of their crystal structures for photovoltaics and hydrogen evolution in alkaline medium [J]. Journal of Materials Chemistry A, 2017, 5: 4513-4526.

[237] Wang H, Sun K, Tao D J F, et al. 3D honeycomb-like structured graphene and its high efficiency as a counter-electrode catalyst for dye-sensitized solar cells [J]. Angwandte Chemie International Edition, 2013, 52: 9210-9214.

[238] Xie Z, Cui X, Xu W, et al. Metal-organic framework derived CoNi@ CNTs embedded carbon nanocages for efficient dye-sensitized solar cells [J]. Electrochimica Acta, 2017, 229: 361-370.

[239] Di Y, Xiao Z, Yan X, et al. Nitrogen and sulfur dual-doped chitin-derived carbon/graphene composites as effective metal-free electrocatalysts for dye sensitized solar cells [J]. Applied Surface Science, 2018, 441: 807-815.

[240] Roy-Mayhew J D, Bozym D J, Punckt C, et al. Functionalized graphene as a catalytic counter electrode in dye-sensitized solar cells [J]. American Chemical Society Nano, 2010, 4, 6203-6211.

[241] Pan Y, Liu Y, Zhao J, et al. Monodispersed nickel phosphide nanocrystals with different phases: Synthesis, characterization and electrocatalytic properties for hydrogen evolution [J]. Journal of Materials Chemistry A, 2015, 3: 1656-1665.

［242］Zhuang M, Ou X, Dou Y, et al. Polymer-embedded fabrication of Co_2P nanoparticles encapsulated in N, P-doped graphene for hydrogen generation ［J］. Nano Letters, 2016, 6(6): 4691-4698.

［243］Chen M, Shao L L, Yuan Z Y, et al. General Strategy for Controlled Synthesis of NixPy/Carbon and Its Evaluation as a Counter Electrode Material in Dye-Sensitized Solar Cells ［J］. American Chemical Society Applied Materials & Interfaces, 2017, 9(33): 17949-17960.

［244］Y Y, Dou G R, Li J, et al. Nickel phosphide-embedded graphene as counter electrode for dye-sensitized solar cells ［J］. Physical Chemistry Chemical Physics, 2012, 14(4): 1339-1342.

［245］Wu M, Bai J, Wang Y, et al. High-performance phosphide/carbon counter electrode for both iodide and organic redox couples in dye-sensitized solar cells ［J］. Journal of Materials Chemistry, 2012, 22(42): 11121-11127.

［246］Krishnapriya R, Praneetha A M S, Rabel A V, et al. Energy efficient, one-step microwave-solvothermal synthesis of a highly electro-catalytic thiospinel $NiCo_2S_4$/graphene nanohybrid as a novel sustainable counter electrode material for Pt-free dye-sensitized solar cells ［J］. Journal of Materials Chemistry C, 2017, 5(16): 3146-3155.

［247］Wang Y, Fu N, Ma P, et al. Facile synthesis of $NiCo_2O_4$/carbon black composite as counter electrode for dye-sensitized solar cell ［J］. Applied Surface Science, 2017, 419: 670-677.

［248］Li J, Yan M, Zhou X, et al. Mechanistic insights on ternary Ni2-xCoxP for hydrogen evolution and their hybrids with graphene as highly efficient and robust catalysts for overall water splitting ［J］. Advanced Functional Materials, 2016, 26(37): 6785-6796.

［249］Tai S Y, Lu M N, Ho H P, et al. Investigation of carbon nanotubes decorated with cobalt sulfides of different phases as nanocomposite catalysts in dye-sensitized solar cells [J]. Electrochimica Acta, 2014, 143: 216-221.

[250] Yun S, Wu M, Wang Y, et al. Pt-like behavior of high-performance counter electrodes prepared from binary tantalum compounds showing high electrocatalytic activity for dye-sensitized solar cells [J]. Chemistry-Sustainability-Energy-Materials, 2013, 6(3): 411-416.

[251] Murugadoss V, Wang N, Tadakamalla S, et al. In situ grown cobalt selenide/graphene nanocomposite counter electrodes for enhanced dye-sensitized solar cell performance [J]. Journal of Materials Chemistry A, 2017, 5: 14583-14594.

[252] Cheng Z, Qi W, Pang C H, et al. Recent advances in transition metal nitride-based materials for photocatalytic applications [J]. Advanced Functional Materials, 2021(26): 31.

[253] Han N, Liu P, Jiang J, et al. Recent advances in nanostructured metal nitrides for water splitting [J]. Journal of Materials Chemistry A, 2018, 6: 19912-19933.

[254] Dong S, Chen X, Zhang X, et al. Nanostructured transition metal nitrides for energy storage and fuel cells [J]. Coordination Chemistry Reviews, 2013, 257: 1946-1956.

[255] Ishii S, Shinde S L, Nagao T. Nonmetallic materials for plasmonic hot carrier excitation [J]. Advanced Optical Materials, 2019, 7: 1800603.

[256] Kumar M, Umezawa N, Ishii S, et al. Examining the performance of refractory conductive ceramics as plasmonic materials: A theoretical approach [J]. ACS Photonics, 2016, 3: 43-50.

[257] Diroll B T, Saha S V M, Shalaev S, et al. Broadband ultrafast dynamics of refractory metals: TiN and ZrN [J]. Advanced Optical Materials, 2020, 8: 2000652.

［258］Hibbins A P, Sambles J R, Lawrence C R. Surface plasmon-polariton study of the optical dielectric function of titanium nitride ［J］. Journal of Modern Optics, 1998, 45: 2051-2062.

［259］Murai S, Fujita K, Daido Y, et al. Plasmonic arrays of titanium nitride nanoparticles fabricated from epitaxial thin films ［J］. Optics Express, 2016, 24: 1143-1153.

［260］Jiang Q, Li G, Gao X. Highly ordered TiN nanotube arrays as counter electrodes for dye-sensitized solar cells ［J］. Chemical Communications, 2009, 44: 7603-7603.

［261］Lee C P, Lin L Y, Tsai K W, et al. Enhanced performance of dye-sensitized solar cell with thermally-treated TiN in its TiO_2 film prepared at low temperature ［J］. Journal of Power Sources, 2011, 196: 1632-1638.

［262］Yeh M H, Lin L Y, Lee C P, et al. A composite catalytic film of PEDOT: PSS/TiN-NPs on a flexible counter-electrode substrate for a dye-sensitized solar cell ［J］. Journal of Materials Chemistry, 2011, 21: 19021-19029.

［263］Chirumamilla M, Chirumamilla A, Yang Y A S, et al. Large-area ultrabroadband absorber for solar thermophotovoltaics based on 3D titanium nitride nanopillars ［J］. Advanced Optical Materials, 2017, 1700552.

［264］Wei L, Li U, Urcan G, et al. Refractory plasmonics with titanium nitride: broadband metamaterial absorber ［J］. Advanced Materials, 2014, 47: 7959-7965.

［265］Guler U, Ndukaife G V, Naik A, et al. Local heating with lithographically fabricated plasmonic titanium nitride nanoparticles ［J］. Nano Letters, 2013, 13: 6078-6083.

［266］Liu S, Zhang C, Li S, et al. Efficient infrared solar cells employing quantum dot solids with strong inter-dot coupling and efficient passivation

[J]. Advanced Functional Materials, 2021, 31(9): 2006864.

[267] Ip A H, Kiani A I J, Kramer A, et al. Infrared colloidal quantum dot photovoltaics via coupling enhancement and agglomeration suppression [J]. American Chemical Society Nano, 2015, 9: 8833-8842.

[268] Wang F, Wang H, Liu X, et al. Full-spectrum liquid-junction quantum dot-sensitized solar cells by integrating surface plasmon-enhanced electrocatalysis [J]. Advanced Energy Materials, 2018, 8: 180013.

[269] Wu M, Xiao L, Wang Y, et al. Economical Pt-free catalysts for counter electrodes of dye-sensitized solar cells [J]. Journal of the American Chemical Society, 2012, 134: 3419-3428.

[270] Hunt S T, Milina M, Alba-Rubio A C, et al. Self-assembly of noble metal monolayers on transition metal carbide nanoparticle catalysts [J]. Science, 2016, 352: 974.

[271] Lin L, Yu Q, Peng M, et al. Atomically dispersed Ni/α-MoC catalyst for hydrogen production from methanol/water [J]. Journal of the American Chemical Society, 2021, 143: 309-317.

[272] Hantanasirisakul K, Gogotsi Y. Electronic and optical properties of 2D transition metal carbides and nitrides(MXenes) [J]. Advanced Materials, 2018, 30: 1804779.

[273] Ran J, Gao G, Li T, et al. Ti_3C_2 MXene co-catalyst on metal sulfide photo-absorbers for enhanced visible-light photocatalytic hydrogen production [J]. Nature Communications, 2017, 8: 13907.

[274] Yuan Y, Wang J, Adimi S, et al. Zirconium nitride catalysts surpass platinum for oxygen reduction [J]. Nature Materials, 2020, 19: 1-5.

[275] Luther J M, Jain P K, Ewers T, et al. Localized surface plasmon resonances arising from free carriers in doped quantum dots [J]. Nature Materials, 2011, 10: 361-366.

［276］Guler U, Ndukaife J C, Naik G V, et al. Local heating with lithographically fabricated plasmonic titanium nitride nanoparticles ［J］. Nano Letters, 2013, 13: 6078-6083.

［277］Chen Y, Wang D, Lin Y, et al. In situ growth of CuSe nanoparticles on MXene(Ti$_3$C$_2$)nanosheets as an efficient counter electrode for quantum dot-sensitized solar cells ［J］. Electrochimica Acta, 2019, 316: 248-256.

［278］Min S, Xue Y, Wang F, et al. Ti$_3$C$_2$T$_x$ MXene nanosheet-confined Pt nanoparticles efficiently catalyze dye-sensitized photocatalytic hydrogen evolution reaction ［J］. Chemical Communications, 2019, 55: 10631-10634.

［279］Ishii S, Sugavaneshwar R P, Nagao T. Titanium nitride nanoparticles as plasmonic solar heat transducers ［J］. Journal of Physical Chemistry C, 2016, 120: 2343-2348.

［280］Wang F, Huang Y, Chai Z, et al. Photothermal-enhanced catalysis in core-shell plasmonic hierarchical Cu$_7$S$_4$ microsphere@zeolitic imidazole framework-8 ［J］. Chemical Science, 2016, 7: 6887-6893.

［281］Hessel C M, Pattani V P, Rasch M R, et al. Copper selenide nanocrystals for photothermal therapy ［J］. Nano Letters, 2011, 11: 2560-2566.

［282］Guo W, Xue X, Wang S, et al. An integrated power pack of dye-sensitized solar cell and Li battery based on double-sided TiO$_2$ nanotube arrays ［J］. Nano Letters, 2012, 12: 2520-2523.

［283］Li N, Wang Y, Tang D, et al. Integrating a photocatalyst into a hybrid lithium-sulfur battery for direct storage of solar energy ［J］. Angewandte Chemie International Edition, 2015, 54(32): 9271-9274.

［284］Scrosati B, Garche J. Lithium batteries: Status, prospects and future ［J］. Journal of Power Sources, 2010, 195(9): 2419-2430.

［285］ Yu M, McCulloch W D, Beauchamp D R, et al. Aqueous lithium-iodine solar flow battery for the simultaneous conversion and storage of solar energy ［J］. Journal of the American Chemical Society, 2015, 137(26), 8332-8335.

［286］ Xu X, Li S, Zhang H, et al. A power pack based on organometallic perovskite solar cell and supercapacitor ［J］. American Chemical Society Nano, 2015, 9(2): 1782-1787.

［287］ Mahmoudzadeh M A, Usgaocar A R, Giorgio J, et al. A high energy density solar rechargeable redox battery ［J］. Journal of Materials Chemistry A, 2016, 4(9): 3446-3452.

［288］ Chien C T, Hiralal P, Wang D Y, et al. Graphene-based integrated photovoltaic energy harvesting/storage devicey ［J］. Small, 2015, 11(24): 2929-2937.

［289］ Gurung A, Chen K, Khan R, et al. Highly efficient perovskite solar cell photocharging of lithium ion battery using DC-DC boostery ［J］. Advanced Energy Materials, 2017, 7(11): 1602105.

［290］ Xu J, Chen Y, Dai L. Efficiently photo-charging lithium-ion battery by perovskite solar celly ［J］. Nature Communications, 2015, 6: 8103.

［291］ Li Q, Li N, Ishida M, et al. Saving electric energy by integrating a photoelectrode into a Li-ion battery ［J］. Journal of Materials Chemistry A, 2015, 3(42): 20903-20907.

［292］ Yu M, Ren X, Ma L, et al. Integrating a redox-coupled dye-sensitized photoelectrode into a lithium-oxygen battery for photoassisted charging ［J］. Nature Communications, 2014, 5: 5111.

［293］ Ngidi N P, Ollengo M A, Nyamori V O. Heteroatom-doped graphene and its application as a counter electrode in dye-sensitized solar cells ［J］.

International Journal of Energy Research, 2019: 43(5): 1702-1734.

［294］ Selvaraj P, Roy A, Ullah H, et al. Soft-template synthesis of high surface area mesoporous titanium dioxide for dye-sensitized solar cells ［J］. International Journal of Energy Research, 2019, 43(1): 523-534.

［295］ Mathew S, Yella A, Gao P, et al. Dye-sensitized solar cells with 13% efficiency achieved through the molecular engineering of porphyrin sensitizers ［J］. Nature Chemistry, 2014, 6: 242.

［296］ Yun S, Qin Y, Uhl A R, et al. New-generation integrated devices based on dye-sensitized and perovskite solar cells ［J］. Energy and Environmental Science, 2018, 11(3): 476-526.

［297］ Lai F I, Yang J F, Hsu Y C, et al. Omnidirectional light-harvesting enhancement of dye-sensitized solar cells with ZnO nanorods ［J］. International Journal of Energy Research, 2019, 43: 3413-3420

［298］ Grätzel M. Conversion of sunlight to electric power by nanocrystallinedye-sensitized solar cells ［J］. Journal of Photochemistry & Photobiology A Chemistry, 2004, 164: 3-14.

［299］ Hagfeldt A, Boschloo G, Sun L, et al. Dye-sensitized solar cells ［J］. Chemical Reviews, 2010, 110: 6595-6663.

［300］ Paolella A, Faure C, Bertoni G, et al. Light-assisted delithiation of lithium iron phosphate nanocrystals towards photo-rechargeable lithium ion batteries ［J］. Nature Communications, 2017, 8: 14643.

［301］ Padhi A K, Nanjundaswamy K S, Goodenough J B. Phospho-olivines as positive-electrode materials for rechargeable lithium batteries ［J］. Journal of the Electrochemical Society, 1997, 144(4): 1188-1194.

［302］ Zhao Y, Wang L, Byon H R. High-performance rechargeable lithium-iodine batteries using triiodide/iodide redox couples in an aqueous cathode ［J］. Nature Communications, 2013, 4: 1896.

［303］ Dedryvere R, Maccario M, Croguennec L, et al. X-ray photoelectron spectroscopy investigations of carbon-coated Li_xFePO_4 materials ［J］. Chemical Materials, 2008, 20: 7164-7170.

［304］ Paolella A, Bertoni G, Marras S, et al. Etched colloidal $LiFePO_4$ nanoplatelets toward high-rate capable Li-ion battery electrodes［J］. Nano Letters, 2014, 14: 6828-6835.

［305］ Liu Y, Li N, Wu S, et al. Reducing the charging voltage of a $Li-O_2$ battery to 1. 9 V by incorporating a photocatalyst ［J］. Energy and Environmental Science, 2015, 8(9): 2664-2667.

［306］ Xu C, Wang X, Wang Z L. Nanowire structured hybrid cell for concurrently scavenging solar and mechanical energies ［J］. Journal of the American Chemical Society, 2009, 131(16): 5866-5872.

［307］ Werner J, Barraud L, Walter A, et al. Efficient near-infrared-transparent perovskite solar cells enabling direct comparison of 4-terminal and monolithic perovskite/silicon tandem cells［J］. ACS Energy Letters, 2016, 1(2): 474-480.

［308］ Eperon G E, Leijtens T, Bush K A, et al. Perovskite-perovskite tandem photovoltaics with optimized band gaps ［J］. Science, 2016, 354(6314): 861-865.